中国儿童
海洋百科全书

CHILDREN'S ENCYCLOPEDIA OF OCEAN

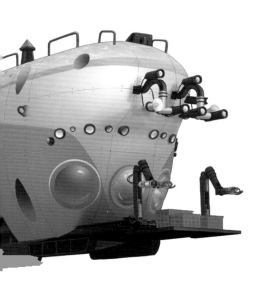

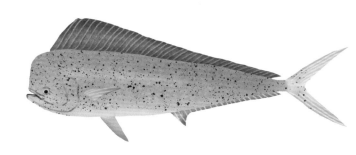

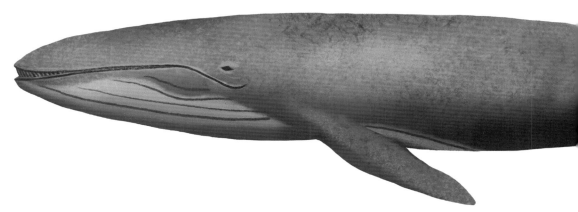

中国大百科全书出版社

图书在版编目（CIP）数据

中国儿童海洋百科全书 /《中国儿童海洋百科全书》编委会编著. -- 北京：中国大百科全书出版社，2023.11

ISBN 978-7-5202-1405-6

Ⅰ．①中… Ⅱ．①中… Ⅲ．①海洋－青少年读物 Ⅳ．①P7-49

中国国家版本馆CIP数据核字（2023）第154302号

审图号：GS 京（2023）1401号

中国儿童
海洋百科全书

CHILDREN'S
ENCYCLOPEDIA OF
OCEAN

中国大百科全书出版社

（北京阜成门北大街 17 号　电话 010-88390320 邮政编码 100037）

http://www.ecph.com.cn

北京瑞禾彩色印刷有限公司

新华书店经销

开本：635毫米×965毫米　1/8　印张：30

2023年11月第1版　2023年11月第1次印刷

ISBN 978-7-5202-1405-6

定价：168.00元

海鸥划过天际，海豚跃出大洋，
　海藻林里，小海獭寂静梦香，
　红树林中，水芫花悄然绽放。
万物萌动，海洋之旅正式启航。

踏足渤海滩涂，远望黄海候鸟，
结识东海鱼群，寻觅南海暗礁。
掠过无垠大洋，赶海斑斓群岛，
惊叹慷慨鲸落，珍惜南极雪藻。

我持时间钥匙，在海洋历史穿梭，
回到宋元泉州，走海上丝绸之路，
参加探险船队，做环球航行水手，
潜入洋底探究，护深海世界宝库。

潮起潮落，海洋容纳无穷无尽，
侧耳倾听，海洋吟唱生命乐音。
打开生命之书，感恩海洋深情，
愿你鱼跃鸟飞，守卫蓝色安宁。

探秘海洋的旅程由此出发

周芳

中国太平洋学会海洋影视分会秘书长

自然纪录片导演

你好，我是“海的女儿”周芳，一名潜水爱好者、水下摄影师。我曾在红海拍摄双髻鲨，在菲律宾海拍摄鲸鲨，在加勒比海拍摄护士鲨……镜头越来越近，我发现鲨鱼与人类一样，都是有个性的生物。很多时候，我想去哪片海域或想去拍摄什么，都是因为鲨鱼，我还因此获得“追鲨鱼的女孩”的称号。海洋是我生命与事业中的永恒主题。我热爱潜水和摄影，享受海浪律动，追寻海中生命，探寻海底沉船，用镜头捕捉黑暗中的亮光。我的镜头记录了广袤而神秘的海底世界，也记录了中国海域的深邃蓝洞、沉船遗址、水下古城。中国拥有辽阔的海域，每一片海都有属于自己的故事。现在，我邀请你打开这本书，跟我一起潜入海洋，在壮丽的海洋王国里自由地探索徜徉。

● 知识主题

每个展开页的标题是知识主题，围绕海洋的基本知识、海洋地理、海洋生态、海洋资源、人类与海洋、深海探测、中国海洋等展开说明，帮助我们从宏观上了解海洋。全书 8 个部分，共 114 个知识主题。

● 知识点

每个知识主题都有 2 ～ 6 个知识点，详细讲解各种海洋知识，以及与之相关的自然现象、科学原理等。在这里，我们能了解海洋的演变、红树林、鱼类、海鸟及各种海底探测器等知识的关键信息。全书共 500 多个知识点。

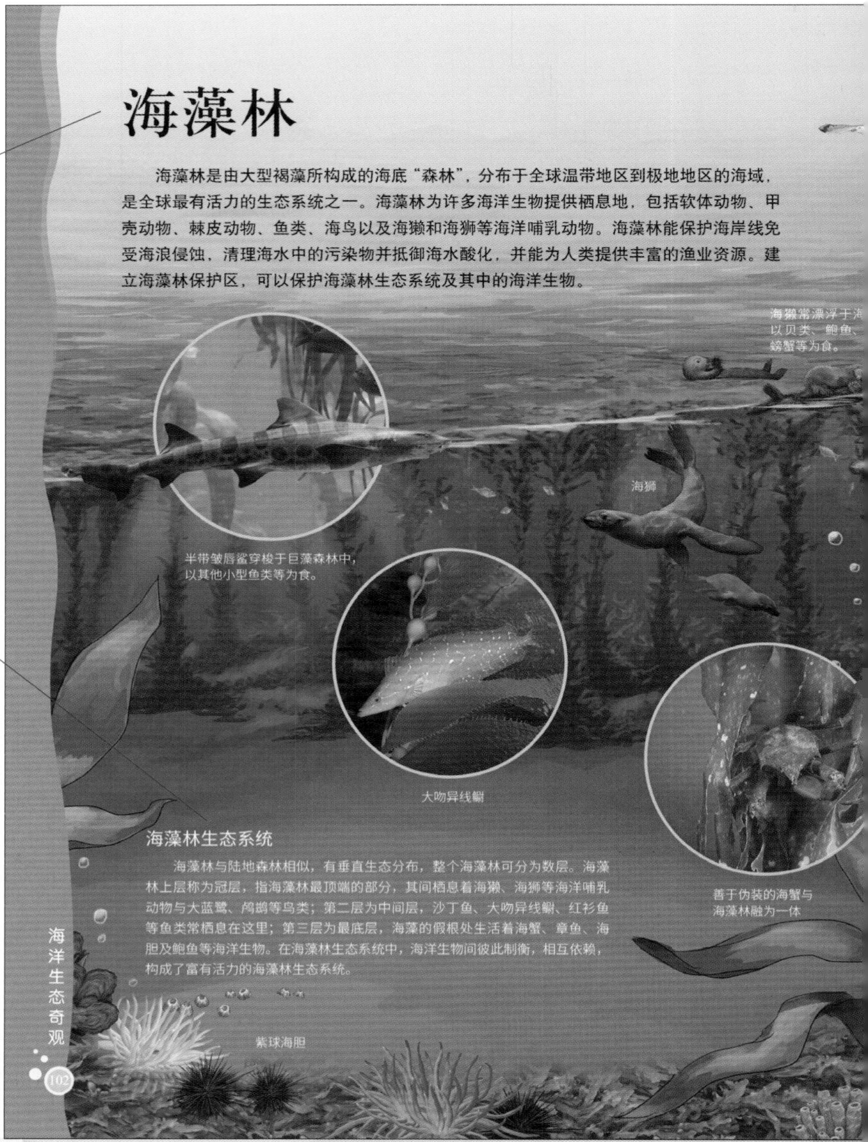

海藻林

海藻林是由大型褐藻所构成的海底“森林”，分布于全球温带地区到极地地区的海域，是全球最有活力的生态系统之一。海藻林为许多海洋生物提供栖息地，包括软体动物、甲壳动物、棘皮动物、鱼类、海鸟以及海獭和海狮等海洋哺乳动物。海藻林能保护海岸线免受海浪侵蚀，清理海水中的污染物并抵御海水酸化，并能为人类提供丰富的渔业资源。建立海藻林保护区，可以保护海藻林生态系统及其中的海洋生物。

海獭常漂浮于海
以贝类、鲍鱼、
螃蟹等为食。
海狮
半带皱唇鲨穿梭于巨藻森林中，
以其他小型鱼类等为食。
大吻异线鳚
善于伪装的海蟹与
海藻林融为一体
紫球海胆

海藻林生态系统

海藻林与陆地森林相似，有垂直生态分布，整个海藻林可分为数层。海藻林上层称为冠层，指海藻林最顶端的部分，其间栖息着海獭、海狮等海洋哺乳动物与大蓝鹭、鸬鹚等鸟类；第二层为中间层，沙丁鱼、大吻异线鳚、红衫鱼等鱼类常栖息在这里；第三层为最底层，海藻的假根处生活着海蟹、章鱼、海胆及鲍鱼等海洋生物。在海藻林生态系统中，海洋生物间彼此制衡，相互依赖，构成了富有活力的海藻林生态系统。

海洋生态奇观

102

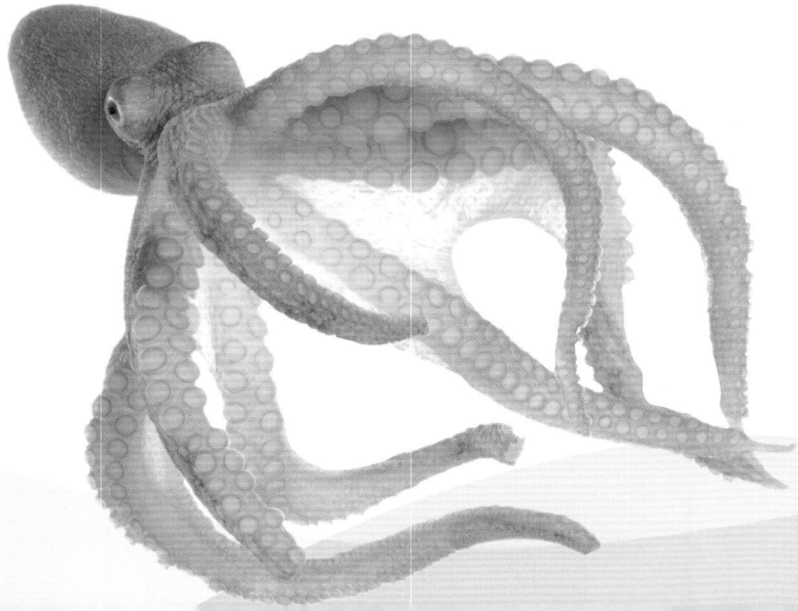

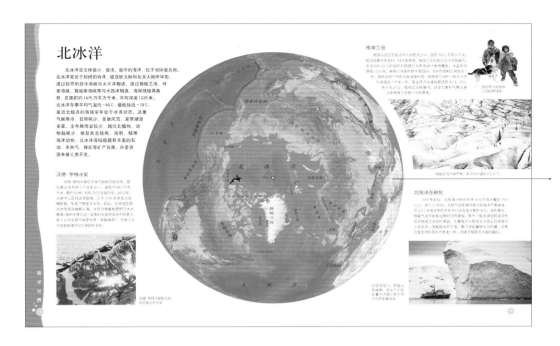

● 地图

地图是地理学的第二语言，而海洋地图是学习海洋地理知识、认知海洋世界最重要和最直观的工具。全书有 70 多幅地图，包括太平洋、地中海、中国海域以及早期人类绘制的海洋地图等。在这些地图上，你可以探索更多的海洋知识信息。

● 地图图例

洲界	- - - -
国界	———
城市	○

● 图片

每个主题页会有多幅图片，一幅手绘全景图可能包含数十、数百个个体画像。你还将看到来自专业摄影师和科研人员的海底摄影图，还能看到包罗万象的海洋生态全景图，跟随"镜头"近距离探寻海洋世界的奥秘。书中还有专家绘制的示意图和图表等，帮助你探究深奥复杂的海洋科学知识。

● 海洋名片

海洋中的岛屿、海沟、植物、动物及跨海大桥等向你"递来"了名片，向你介绍其方位、分布、长度、深度等信息。为了获得这些信息，科学家们做出了许多努力。选择一个你感兴趣的名片，继续探索，也许你将进入一个更加广阔的海洋世界。

目录

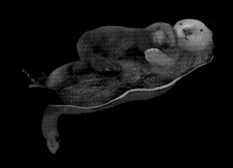
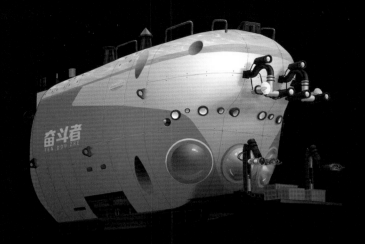

5

海洋资源

6

海洋与人类

7

深海探秘

8

中国海洋

海洋的形成

约50亿年前，宇宙中一个由气体和尘埃组成的大星云不断向中心聚集，经核聚变反应形成太阳，剩下的小碎片逐渐聚集形成行星及小行星等，环绕在太阳周围。地球是太阳系的行星，最初形成时温度非常高，随着地球逐渐冷却，较重的物质沉入地心，形成地核。约40亿年前，地球上发生了一件大事，海洋形成了。

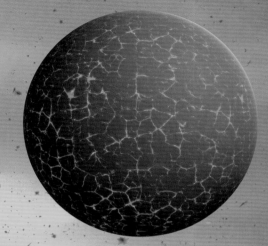

原始的地球

原始的大气

今天的大气层富含氮和氧，然而地球最初的大气是缺乏氧气的氢氦混合物。不过，它们很快被一种称为"太阳风"的灼热粒子流带走。后来，频繁发生的火山活动释放出大量的二氧化碳、水蒸气和氮气，这些物质形成了原始地球上稳定的大气层。

海洋的诞生

科学家认为，地球上的水由地球自带的水和彗星撞击带来的水共同构成。在很长的一段时期内，天空中水汽与大气共存于一体，随着地壳逐渐冷却，大气的温度也慢慢地降低，水汽逐渐变成水滴，并且越积越多。后来，由于冷热不均，空气对流剧烈，地球迎来了第一场降雨。雨越下越大，变成滔滔的洪水，汇集成巨大的水体，原始的海洋就诞生了。

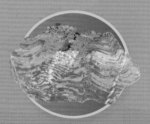

叠层石由远古微生物形成，是已知最早的生物化石记录。

科学家在澳大利亚的杰克山发现了距今约40亿年的沉积岩，沉积岩又称"水成岩"，一般情况下是由流水作用形成的。

彗星和小行星不断撞击着火山频发的地球，使地球变成一颗"大火球"，同时也为地球生成液态水奠定了基础。

氧化大气的形成

早期的地球没有含氧的大气层，含有高能紫外线的阳光直射地球表面。依靠海水的保护，生物首先在海洋里诞生。约38亿年前，海洋里产生了有机物，先有低等的单细胞生物，后有了藻类。藻类在阳光下进行光合作用，产生了氧气。强烈的太阳光与氧气相互作用，形成了氧化大气。氧化大气的形成，为生命的演化与陆地生命的诞生创造了条件。

约26亿年前，大气中的游离氧含量突然增加，这些氧来源于蓝绿菌进行的光合作用。

原始海水不是咸的，而是酸性且缺氧的。随着水分不断蒸发，形成降水，雨水把陆地和海底岩石中的盐分溶解，使它们汇集于海水中。同时，海底火山、热液、冷泉等也释放出盐分。经过亿万年的积累、融合，海洋中有了大体均匀的咸水。

约35亿年前，游离氧首先出现在海洋中。

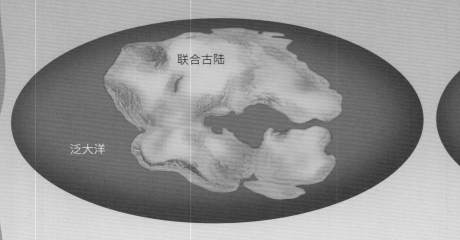

约2.5亿年前，在恐龙时代早期，地球上只有一块大陆，称为联合古陆。联合古陆气候十分干旱，被沙漠覆盖。古陆被泛大洋包围着，这片海域后来变成了太平洋。

约1.8亿年前，联合古陆开始破裂，变为冈瓦纳古陆和劳拉古陆两部分，两块大陆夹着的海称为特提斯海。破裂的陆块像是浮在海上的轮船，向外漂移，逐渐形成如今的南美洲和非洲。

海洋的演化

地质学家很早就注意到，本来生活在海洋里的生物，它们的化石却出现在高高的山上；在南美洲和非洲之间隔着大洋，可两大洲却出现了相近的古生物化石。是什么原因造成这种现象呢？经过长达一个世纪的探索，人们终于知道地壳是会运动的，大陆会漂移，海洋的形态也在悄悄发生着改变。

阿尔弗雷德·魏格纳

大陆漂移

魏格纳是德国气象学家、地球物理学家。他在浏览世界地图时发现：在大西洋的东岸和西岸，南美洲巴西的凸出部分正好是非洲西海岸的凹陷部分，两边可以拼合起来。他突发奇想：这几块大陆会不会曾经彼此相连，后来又逐渐分开了呢？1915年，魏格纳在《海陆的起源》一书中，系统地论证了"大陆漂移"的设想。

科学家在亚洲、非洲、南极洲、南美洲和大洋洲发现了相同物种的化石标本，证明了很久以前，地球上应该存在一个被海洋环绕的超级大陆。

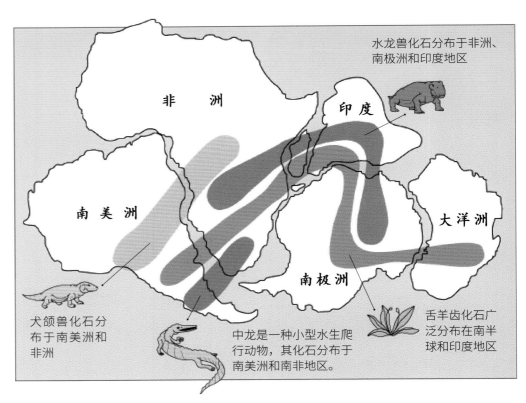

水龙兽化石分布于非洲、南极洲和印度地区

犬颌兽化石分布于南美洲和非洲

中龙是一种小型水生爬行动物，其化石分布于南美洲和南非地区。

舌羊齿化石广泛分布在南半球和印度地区

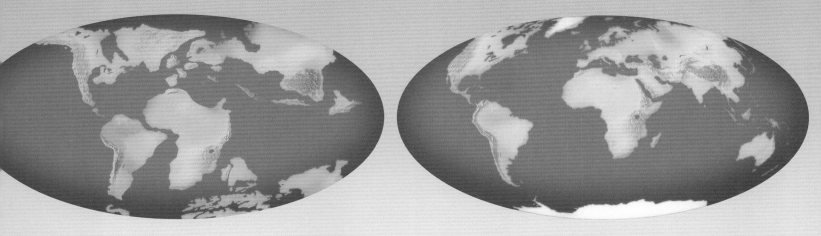

约 6600 万年前，大西洋已经初见容貌，不断运动的地球板块将美洲大陆、欧亚大陆和非洲大陆逐渐分开。

约 3000 万年前，大陆漂移的过程逐渐减慢，大陆到达大致今天的位置，地球上的大洲和大洋初步形成。

板块构造

20 世纪 70 年代，科学家把早期提出的大陆漂移理论和海底扩张理论相结合，形成了板块构造理论。板块是由地震带所分割的内部地震活动较弱的岩石圈单元。全球岩石圈可分为七大板块和若干中小型板块，大部分板块包括大陆和洋底两部分。一般而言，板块内部比较稳定，而板块交界地带是地壳活动较活跃的地区。板块边界的运动状况多种多样，不同的运动方式会构造出不同的地质景观。

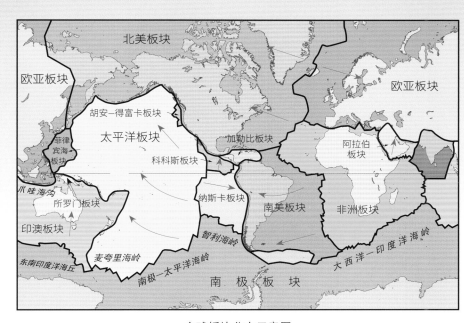

全球板块分布示意图

海底扩张

20 世纪 50 年代，科学家对海底地磁场进行了大规模的测量。科学家认为，不仅陆地在移动，海底也在不断地更新和扩张。大洋中脊地壳裂开，向两侧移动，同时地下岩浆涌出，填充在中脊裂谷底部，逐渐形成新的地壳。人们把这种理论称为"海底扩张学说"，地壳的移动就是海底扩张的结果。所以科学家说"古老的海洋，年轻的洋底"。

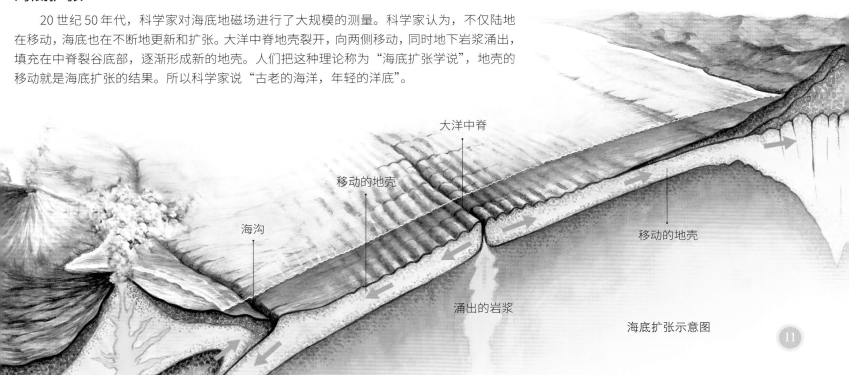

海底扩张示意图

崎岖的海底

海洋的底部是什么样的，一直是人们探索的课题。早期人们曾有过种种猜想：有人认为，海洋是与地心相通的"无底洞"；有人猜想，海底是个非常大的"平底锅"；还有人提出，地球上的海洋是远古时月球抛离地球后形成的一个大坑。后来人们发现，海底和陆地一样，有巨大的山脉，有深深的海沟，有广袤无垠的深海大平原，还有丘陵和火山。

熊海山位于新英格兰海，高约 2 千米，是一座平顶海山。

大陆架

大陆架是环绕大陆的浅海地带，它在海水中会延伸很长一段距离。整个地球的大陆都是由这些浅海大陆架包围着的。也可以说，大陆架是陆地和海洋"握手"的地方。

北大西洋大陆架

大陆坡

大陆坡是和大陆架相伴相生的"孪生兄弟"。它紧挨着大陆架伸向大洋的一侧。大陆坡的水深从 200 米很快下降到 2000 ～ 3000 米，形成一道巨大陡峭的斜坡，这里可能是地球上最大的斜坡。

深海平原

深海平原在大陆架和大洋中脊之间，通常位于水深 3000 ～ 6000 米处，是地球表面最平坦的部分，可延展几百至几千千米。它的表面光滑而平整，覆有较厚的沉积层，是众多深海生物栖息的主要场所。全球各大洋都有深海平原，以大西洋最为多见。

大陆架

大陆坡

深海平原

大陆架平均坡度 0° 07′，平均宽度 75 千米，全球大陆架总面积约 2710 万平方千米，约占海洋总面积的 7.5%。

大陆坡的坡度多为 3° ～ 6°，宽 20 ～ 100 千米，全球大陆坡总面积约 2870 万平方千米。

环礁

环礁是由珊瑚礁形成的环状或部分环状岛屿，可分为大洋环礁和陆架环礁两类。大洋环礁多分布在信风带，在大洋火山锥的基座上生长，大小不一。全球有300多个大洋环礁，印度洋马尔代夫群岛的苏瓦迪瓦环礁面积超过1800平方千米。陆架环礁在大陆架或海底高原上，基底为陆壳或陆架沉积物。中国的中沙大环礁是南海最大的陆架环礁。

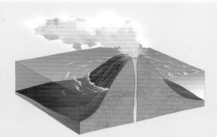

查尔斯·达尔文认为，大洋环礁会在火山岛周围形成。

随着岛屿的沉降，珊瑚生长形成了边缘礁，并形成小型的潟湖。

沉降继续，边缘礁变成离海岸更远的堡礁，内部有更大更深的潟湖。

最终，火山岛沉入海底，堡礁变成了环礁，包围着一个开放的潟湖。

大洋环礁形成示意图

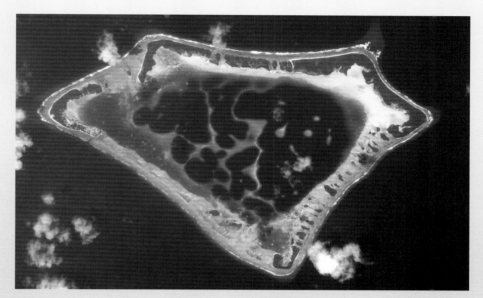

位于西太平洋的努库奥罗环礁

海山

海山是从海底地面高耸但仍未凸出海平面的山，一般高出海底至少1000米，坡度多为5°～15°。海山通常呈圆锥状，顶部为尖顶或平顶。大部分海山都是海底的火山锥，并且像火山一样，在其顶部有个环形口。海山在全球大洋底部星罗棋布，约有3万座，是海底地形中令人瞩目的类型，拥有独特的生态系统。

火山岛

平顶海山又称桌状山，被认为是曾露出海面的古代火山锥，山顶则是被波浪削平的。之后洋底下沉，海山随之沉没于海面之下。

平顶海山

大陆坡

海沟邻接
大陆坡

洋中脊总长6.5万千米，是巨大的海底山系。

大洋中脊

大洋中脊又称中央海岭、大洋洋脊、洋中脊，是伴有地震和火山活动的巨大海底山脉。它纵贯太平洋、印度洋、大西洋和北冰洋，彼此相连，总长约6.5万千米，是地球上最长的山系。大洋中脊宽数百千米至数千千米，其总面积约占全球大洋总面积的33%，可与全球大陆面积相比。在板块构造模式中，大洋中脊的轴部是海底扩张的中心，属于离散型板块边界。大洋中脊既是巨大的海底地形单元，也是重要的海底构造单元。

"挑战者号"是世界上最早的海洋调查船

大洋中脊分布

大西洋里的大洋中脊位置居中，称为大西洋中脊，其走向与大西洋东西两岸大体平行，呈"S"形延展。在印度洋，大洋中脊也大体居中，分成三支呈"人"字形延展，分别称为中印度洋海岭、西南印度洋海岭和东南印度洋海岭，统称印度洋中脊。太平洋的大洋中脊分布偏东，坡度比大西洋的和印度洋的平缓，故称东太平洋海隆。三大洋的洋脊南段彼此相连，北段则伸进大陆或岛屿，东太平洋海隆的北段伸入到北美大陆；大西洋中脊则向北延伸，穿过冰岛与北冰洋中脊相连。

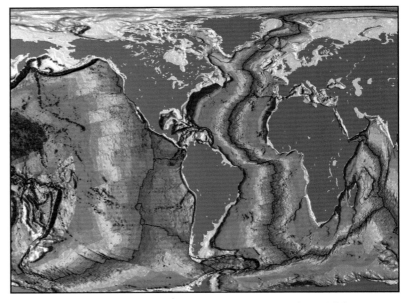

大洋中脊形成年代示意图（其中红色部分是最新形成的）

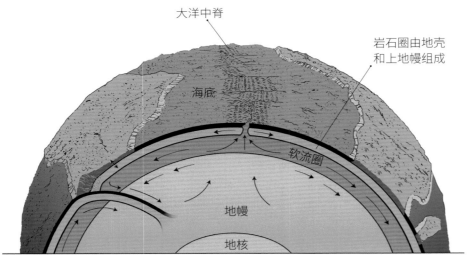

地球大洋中脊成因示意图

大洋中脊成因

关于大洋中脊的成因，多数人用海底扩张和板块构造说来解释，认为大洋中脊轴部是海底扩张中心，软流圈的热地幔物质沿轴部不断上涌形成新洋壳。大洋中脊的隆起地形实际上是脊下物质热膨胀的结果，在地幔对流驱动下，新生洋壳自脊轴向两侧扩张推移、冷却。在扩张、冷却过程中，软流圈上部物质逐渐冷凝、转化为岩石圈，使得岩石圈随着远离脊顶而增厚并下沉，形成轴部高两翼低的巨大海底山系。

大洋中脊中央裂谷

大洋中脊中央裂谷是大洋中脊脊顶与其走向平行的锯齿状深谷，简称中央裂谷。中央裂谷谷宽 25～50 千米，深 1～3 千米。裂谷两侧为崎岖不平的裂谷山脊，横断面呈"U"形或"V"形。中央裂谷是由一系列正断层的拉开、错断活动所形成，是地球上最大的张裂带。沿着中央裂谷分布有以"黑烟囱"著称的高温热液口，还有与其伴生的不依靠光合作用生存的深海生物群落。

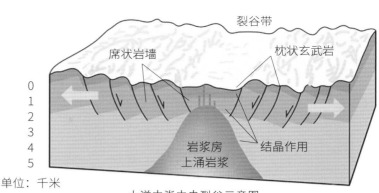

大洋中脊中央裂谷示意图

发现大洋中脊

19 世纪 70 年代，英国"挑战者号"科学考察船在环球考察中，利用测深锤测量海洋水深，发现大西洋中部海底深度大幅加深。1925 年，声呐的出现证明了大西洋中脊的存在。20 世纪 30 年代末期，科学家们又相继发现了印度洋中脊和东太平洋海隆；70 年代以后，各国科学家开始对洋中脊展开更深入的考察和研究；80 年代以后，国际岩石圈计划和国际洋中脊计划的相继实施，让人们对洋中脊的认识更加系统而全面。

大西洋中脊

大西洋中脊纵贯大西洋及北冰洋，由北纬 87° 延伸至南纬 54° 的布韦岛。大西洋中脊的最高点凸出海面，形成海岛。大西洋中脊在北大西洋分割了北美洲板块和欧亚大陆板块，在南大西洋则分割了南美洲板块和非洲板块。由于板块的分离作用持续，所以大西洋中脊每年以 5～10 厘米的速度沿东西方向成长。

大西洋中脊犹如一条
脊椎贯穿整个大西洋

辛格韦德利国家公园位于冰岛西南部，大西洋中脊横穿其间。这里是全球为数不多的能够让人们近距离接触大洋中脊的地方。

罗斯冰架面积 49.4 万平方千米，是地球最大的冰架。

罗 斯 冰 架

海洋冰冻圈

  地球冰冻圈分为陆地冰冻圈、海洋冰冻圈、大气冰冻圈。陆地冰冻圈包括冰川冰盖、冻土、积雪、河冰和湖冰，海洋冰冻圈包括海冰、冰架、冰山和海底多年冻土，雪花、冰晶等大气圈内冻结状的水体构成大气冰冻圈。冰冻圈储存了地球淡水资源的 75%，其中现代冰川和格陵兰冰盖、南极冰盖约占全球淡水资源的 70%。科学家估计，如果将南极冰盖的淡水资源全部释放到海洋，全球海平面将上升约 58 米。

冰架

  冰川是地球上由降雪和其他固态降水积累、演化形成的处于流动状态的冰体，面积超过 5 万平方千米的冰川称为冰盖。冰盖前端延伸漂浮在海洋部分的冰体称为冰架，冰架是冰盖与海洋相互作用的重要界面，冰架约 1/9 的冰体漂浮于海面之上。南极冰盖外围发育有 150 多万平方千米的冰架，主要有罗斯冰架、菲尔希纳—龙尼冰架、埃默里冰架等。

埃默里冰架

菲尔希纳—龙尼冰架

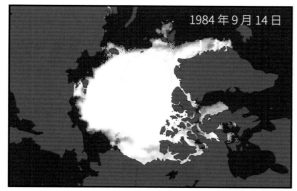

1984年9月14日

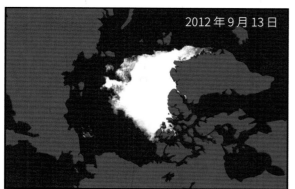

2012年9月13日

受全球气候的影响，北极地区冰盖面积在逐年缩小。

冰山

　　冰山是冰盖和冰架边缘或冰川末端崩解进入水体的大块冰体，地球上大多数冰山来源于南极冰盖。南大洋约有20万座冰山，数量约占全球冰山总数的93%。北半球冰山主要来源于格陵兰冰盖西侧，以及北极地区的一些冰架。冰山是淡水冰，大量冰山进入海洋后可改变海洋的温度和盐度。冰山运动的主要动力是风和洋流，有些冰山能以44千米／天的速度漂移。冰山的漂移会对航海安全造成巨大威胁，1912年，"泰坦尼克号"游轮在纽芬兰岛附近海域撞到冰山而沉没。

冰山漂移可将某些动物和植物从来源地搬运到数千千米以外，科学家可根据大洋内的沉积物推断万年以前冰川的分布情况。

海冰

　　海洋表面的海水冻结产生的冰称为海冰，海冰表面的降水再冻结后也会成为海冰的一部分。海冰按形成时间可分为初生冰、尼罗冰、饼状冰。海冰按动态可分为固定冰和漂流冰，固定冰不随洋流和大气风场移动，漂流冰则受洋流和海洋表面风场影响。海冰覆盖着约7%的地球表面，全球大部分海冰集中在两极地区。

初生冰　　　　　　尼罗冰　　　　　　饼状冰

海底多年冻土

　　在地球40多亿年的历史中，曾出现过多次显著的降温变冷，形成冰期。冰期或末次冰盛期，海平面比现在要低，极地海洋沿岸的大陆架直接暴露于大气，发育了多年冻土。当古冰盖消失、海平面上升后，这部分原来分布于极地海洋沿岸地区的多年冻土被海水淹没，位于海床之下，下伏于温暖和含盐度高的海洋，成为海底多年冻土。海底多年冻土主要沿大陆岸线和岛屿岸线呈连续条带或岛状分布，厚度可达数米至数百米。

持续的气候变化加剧了海底多年冻土的融化，北极海底释放出大量甲烷气体。

海风

太阳对大气的加热作用以及地球自转，是海洋上空形成空气流动模式的源头。海风的流动方式受到与之相连的低压区和高压区影响，一般来说，风从气压高的地方吹向气压低的地方。两地之间的气压差越大，风速就越快。除此之外，还有因为海洋和陆地之间吸热能力差异而产生的风。

大气环流

大气环流指大范围的大气运动状态。我们周围的风虽然是经常变化的，但从整个地球来看，大气环流还是有规律的。它是由两极和赤道之间的温度差异推动，加上地球自转的影响共同形成的。在水平方向，地球大气环流有三个盛行风带。东风带风向比较稳定，因此有信风带之称。在垂直方向，地球大气从赤道到极地有三个环流圈，称三圈环流。

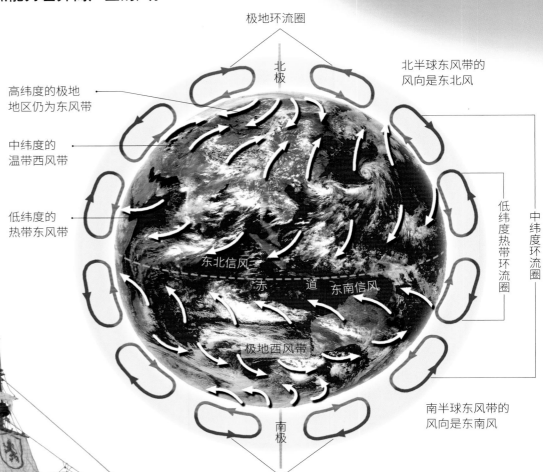

极地环流圈

北极

北半球东风带的风向是东北风

高纬度的极地地区仍为东风带

中纬度的温带西风带

低纬度的热带东风带

东北信风

赤　道　东南信风

极地西风带

低纬度热带环流圈

中纬度环流圈

南半球东风带的风向是东南风

南极

极地环流圈

贸易风和马纬度

美洲新大陆刚被发现时，那里没有马匹，欧洲商人就借助北大西洋上的东北信风，用大型盖伦帆船把马匹和货物运到北美洲，因此人们把东北信风称为贸易风。可是东北信风有时会发生南北摆动，致使船只进入到北纬 30° ~ 35° 的副热带无风带，只能在海洋上静静等待，大量马匹因缺少草料和淡水而死亡。死马被抛入海中，浮在海面上，这一带海域由此获得了一个奇怪的名称——马纬度。

负责运送马匹和货物的盖伦帆船

冬季乘东北
季风出发

郑和的船队曾到
达印度和非洲东
岸，他们就是利
用季风航行的。

夏季乘西南
季风归来

季风

　　季风主要是海陆之间的温差所造成的。以东亚季风为例，夏季时，大陆上气温高、空气密度小，形成低压；海洋上则因为凉爽、空气密度大，形成高压。此时风从海洋吹向陆地，陆地降水量增加。冬季时，大陆气温降低，气压升高；海洋相对温暖，气压降低。此时风从陆地吹向海洋，陆地降水量减少。

5月正值当地旱季，印度南部西高止山脉的植被大多已枯萎。

短短3个月之后，印度季风带来丰沛的降水，西高止山脉的植被发生明显变化。

人类利用季风的历史

　　季风是古代船舶远洋航行的主要动力，古代阿拉伯商人利用风向的季节变化特点从事航海活动。中国明代的郑和曾率领庞大的船队七下西洋，他们就是利用冬季的东北季风出发南下，再乘夏季的西南季风归来的。

季风性气候

　　季风性气候是指受季风支配地区的气候。夏季受来自海洋暖湿气流的影响，高温、潮湿多雨，气候具有海洋性。冬季受来自大陆的干冷气流影响，寒冷、干燥少雨，气候具有大陆性。季风气候的高温期与多雨期基本一致，雨热同期，对发展农业十分有利，因为季风性气候能在作物生长旺盛、最需要水分的时候供应充足的雨水。

　　中国、日本、印度、马来西亚等国家大部分为季风性气候。湿润的亚洲季风区夏季适合种植水稻，这里的人们以大米为食。

离岸风与向岸风

　　离岸风与向岸风又称地方性风，产生于晴朗的海岸边。这两种风的成因与海洋和陆地的比热容有关：在吸收相同热量的前提下，海洋温度变化不如陆地迅速，因而形成了海陆间的热力差异。向岸风又称"海风"，形成于白天，这时陆地升温比海洋快，冷空气从海洋吹向陆地。离岸风又称"陆风"，形成于夜晚，这时陆地降温也比海洋快，冷空气从陆地吹向海洋。

白天	夜晚
凉爽的海风吹向陆地　暖空气上升	暖空气上升　凉爽的陆风吹向海洋
温暖的陆地	温暖的海面

海陆风形成示意图

海浪

当海风吹起时，风所带来的压力及摩擦力对海洋表面的平衡态产生扰动，一些能量从风转移到海面，掀起风浪。风越大，浪就越大。海浪在传播过程中会不断增长，因此在开阔的洋面上，往往会出现传播了很长距离的滔天巨浪。海浪蕴藏着巨大的能量，海浪的侵蚀作用会改变海岸的形态，造就形态各异的海岸景观，海浪能还是人类可以利用的清洁能源。

这些海蚀柱位于澳大利亚，是典型的海蚀地貌，因最初有 12 根石柱立于海面，所以又称"十二使徒岩"。由于海浪缓慢地侵蚀着它们的根基，其中一些石柱倒塌，如今仅剩下 7 位"使徒"。

当到达海岸的海浪拥有巨大的能量时，会形成管道一样的碎浪，冲浪高手们会寻找这样的海浪进行冲浪运动。

海浪的产生

海浪对海洋渔业、海上运输及海岸工程影响最大，所以人们特别注意对海浪规律的研究。阵风吹过海面时，对局部海域产生作用力，使得海面变形，形成海浪。如果海风持续不断，那么在连续的风力作用下，海面上会形成多个海浪的传递，最后就形成波浪。

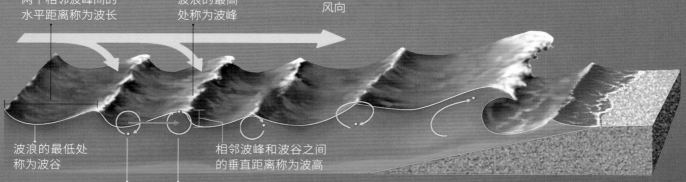

两个相邻波峰间的水平距离称为波长

波浪的最高处称为波峰

风向

波浪的最低处称为波谷

相邻波峰和波谷之间的垂直距离称为波高

在波浪传播过程中，水的质点只做圆周运动。

水的质点在轨道上处在波峰时，向前运动；处在波谷时，就又转回到它的起点了。

海浪的类型

    海浪的类型与风力和风时密切相关。风力的不断增强，会让平静的海面慢慢泛起涟波，随着风吹拂的时间增加，涟波会逐渐形成形状、大小不同且无序的碎浪。随着碎浪范围的逐渐扩大，海浪的大小和间隔会形成规律，从而在无风的水域形成涌浪。有时候，在风力强劲的宽阔海面，两个或多个涌浪互相干扰，会形成巨浪。

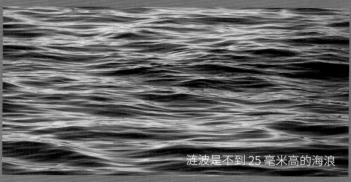
涟波是不到 25 毫米高的海浪

碎浪由众多细小无序的海浪组成

巨浪可以直接淹没大型船只

海浪的威力

    海浪除了会对航行的船只带来影响，对海岸的侵蚀力也十分显著。前冲的海浪会伸入陆地，而后退的海浪会挟带沙砾磨蚀海岸，这便是海蚀作用。海浪侵蚀的海岸通常会形成一种特有的海岸线地形，常见的有海蚀崖、海蚀洞、海蚀门、海蚀柱、海蚀平台等。

海蚀柱　　海蚀拱桥　　海蚀洞穴　　海蚀崖　　海蚀平台　　岩岛

海浪侵蚀景观图

水团与洋流

　　水团是内部性质相对均一且与周围海水存在明显差异的宏大水体，它们的形成主要取决于水团发源地的纬度，气候、海陆特征以及区域环流特征。大洋中海水有规则的运动形成洋流，这些分布于表层海水的洋流首尾相接，构成了几个独立的环流系统。大西洋和太平洋的环流系统有许多相似之处，每一环流的东西两侧均不对称。分布于海洋深处的海水流动，形成深层海流，深层海流影响着全球的气候变化。人类对海洋水团、大洋环流、深层海流规律的认识及研究，对渔业，航运，排污和军事等有重要意义。

水团

　　全球大洋及其附属海域的绝大多数水团，都是先在海洋表面获得初始特征，此后因混合或下沉、扩散而逐渐形成。太平洋的赤道—热带表层水团、印度洋热带表层水团等对全球气候变化影响巨大。次表层的水团有中央水团、亚南极水团和亚北极水团等，其中中央水团盐度最高。中层的水团以低盐度或高盐度为突出特征，南极中层水团、北太平洋中层水团海水盐度低，红海水团、地中海水团海水盐度高。深层的水团厚度比较大，北大西洋深层水团、印度洋深层水团具高盐度及贫氧等特征，太平洋深层水团的盐度较低。底层的水团由南极大陆架一些海区的南极底层水团散布形成。

南极底层水团发源于威德尔海，是海洋中温度最低、盐度最高的底层水团，对全球温盐环流影响较大。但是近年来随着全球气候变暖和南极冰盖的融化，南极底层水团的盐度降低，水动力下降，这将对南极生态环境、大洋环流和全球气候产生巨大影响。

深层海流

　　深层海流是海洋深处海水的流动，平均流速通常在 10 厘米/秒以下，常常以涡流的形式出现。科学家需根据海水的水温、盐度、含氧量等指标追溯深层海流的来源。高纬度海域表层海水因冷却、结冰而变重，从南大洋下沉到大洋深部，然后沿着洋盆的边界向赤道流动，形成深层海流，最后在大洋内部向上，返回到高纬度海域。环南极西风会导致 2～3 千米深的海水上涌，使地球上 80% 的深层水重新暴露于大气层。

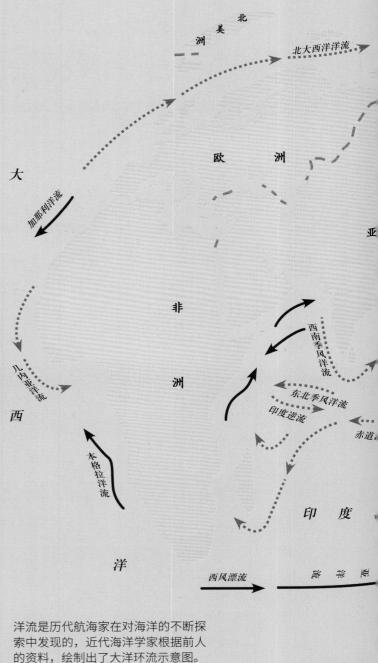

洋流是历代航海家在对海洋的不断探索中发现的，近代海洋学家根据前人的资料，绘制出了大洋环流示意图。

大洋环流

　　大洋环流中，暖流从低纬度流向高纬度，流经海区水温高；寒流从高纬度流向低纬度，流经海区水温低。洋流对大陆气候、动物活动和环境都有较强的影响。暖流对沿岸气候有增温增湿作用，寒流对沿岸气候有降温减湿作用。寒流与暖流交汇的海区，洋流可将下层营养盐类带到表层，有利于浮游生物大量繁殖，为鱼类提供饵料，其交汇地也易于形成大的渔场。洋流能把近海的污染物质携带到其他海域，有利于污染物的扩散，加快海洋的自我净化速度。

受北大西洋暖流影响，位于北极圈内的俄罗斯摩尔曼斯克港终年不冻，是世界上最北的不冻港。

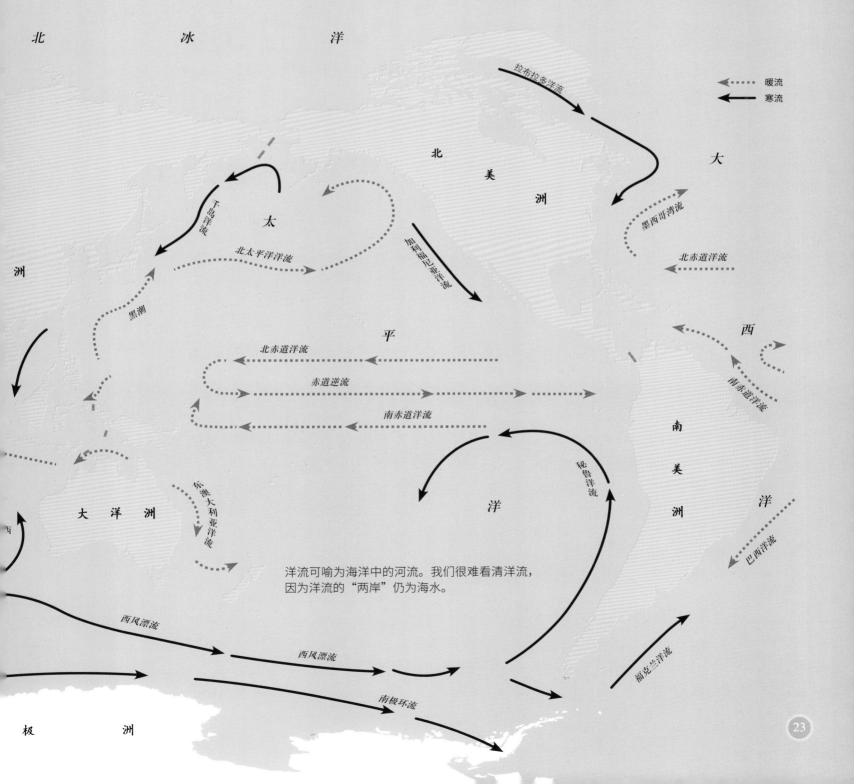

北　冰　洋

北　美　洲

大

西

洋

太　平　洋

大洋洲

南　美　洲

拉布拉多洋流

暖流
寒流

千岛洋流

北太平洋洋流

黑潮

加利福尼亚洋流

墨西哥湾流

北赤道洋流

北赤道洋流

赤道逆流

南赤道洋流

东澳大利亚洋流

秘鲁洋流

南赤道洋流

巴西洋流

洋流可喻为海洋中的河流。我们很难看清洋流，因为洋流的"两岸"仍为海水。

西风漂流

西风漂流

南极环流

福克兰洋流

南　极　洲

23

潮汐

　　海水的周期性涨落现象称为潮汐。多数情况下，海水每天有两次涨落，人们把白天的海水涨落称为"潮"，把夜晚的海水涨落称为"汐"。一潮一汐之间的时间不变，约为 24 小时 50 分钟。早在中国古代，便有人对潮汐现象进行过细致的观测，如汉代哲学家王充在他的《论衡》一书中提出"涛之起也，随月盛衰，大小满损不齐同"，指出潮汐与月相变化有关。17 世纪，牛顿用引力定律科学地说明潮汐是由月球和太阳对海水的吸引而形成的。

潮汐的形成

　　海洋潮汐的动力来自两个方面：一是太阳和月球对地球表面海水的吸引力，称为引潮力；二是地月系统自转产生的离心力。月球不停地绕地球运转，距地球某处海面越近，对海面产生的吸引力就越大。在月球绕地球运动时，月球和地球之间构成一个公共的旋转质心。质心的位置在地球内部不断改换，但始终偏向月球这一边。地球表面某处的海水距离这个质心远时，此处海水所产生的离心力就大。因此，面向月球的海水所受月球引力最大，背对月球的海水所受离心力最大。在一个昼夜之间，地球上大部分的海面有一次面向月球，有一次背向月球，因此一天会出现两次海水的涨落。

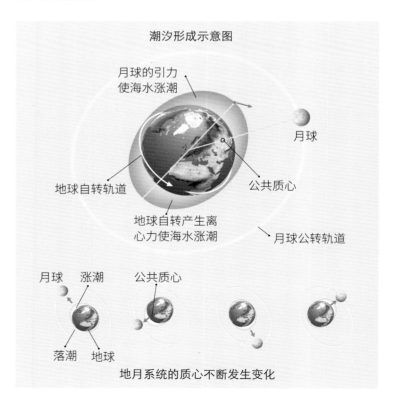

潮汐形成示意图

地月系统的质心不断发生变化

中国钱塘江流经安徽、浙江，从杭州湾注入东海。钱塘江涌潮是发生在钱塘江口的潮水暴涨现象。每年阴历八月十八日前后，恰逢临近秋分的钱塘江大潮，加上东海沿岸正值雨季，海平面升高，若遇强劲的东风或东南风，则风助潮势，涌潮滚滚、波涛汹涌，其涛声可传闻十数里。

大潮和小潮

　　由月球引力引起的潮汐称为太阴潮，由太阳引力引起的潮汐称为太阳潮。当太阴潮和太阳潮同时发生，两者叠加就形成大潮，两者互相抵消就形成小潮。虽然太阳质量是月球质量的2700万倍，但月球同地球的距离只有太阳同地球的距离的1/390，所以月球的引潮力为太阳的引潮力的2.25倍。太阳潮通常难以被单独观测到，它只是增强或减弱太阴潮，从而造成大潮或小潮。

出现上弦月或下弦月时，太阳引潮力抵消了部分月球引潮力，形成的引力潮最小。

出现新月或满月时，地球、月球、太阳三者处于同一条直线，太阳和月球的引潮力叠加，形成大潮。

大潮和小潮示意图

涌潮

　　涌潮是海洋潮汐的暴涨现象，又称暴涨潮或怒潮，在一些水深逐渐变浅、海岸陡峭的喇叭形河口或海湾处可以见到。最大的涌潮一般发生在一年中的阴历八月中旬。此时，月球运行到地球和太阳之间，三者处于同一条直线上，太阳的引潮力就显示出来了。全球的涌潮发生地至少有15处，南美洲的亚马孙河口，涌潮高约5米，流速约6米/秒；法国的塞纳河口，涌潮高4～6米；中国的钱塘江涌潮可高达9米。

在亚马孙河口涌潮发生时，人们会来这里进行河上冲浪。

潮汐的影响

　　潮汐对人类的生产生活有着深远的影响。船只航行和进港出港，沿海地区的农业、渔业、盐业、港口建设等，都受到潮汐变化的规律的影响。利用潮汐发电还是海洋清洁能源开发的一个重要方面。此外，潮汐对水上和濒水地区的军事活动也有较大影响，被历代军事家所重视。1661年，郑成功在收复台湾之战中，首先掌握了鹿耳门的潮汐变化规律，在潮水涨到最高位，航道变宽变深的时候登陆禾寮港，直奔赤崁城。

中国澎湖列岛的双心石沪是渔民利用潮汐规律修筑的捕鱼设施，涨潮时，鱼会游进石沪里觅食，退潮后鱼就会被困在里面，这时渔民就可捕捞渔获。

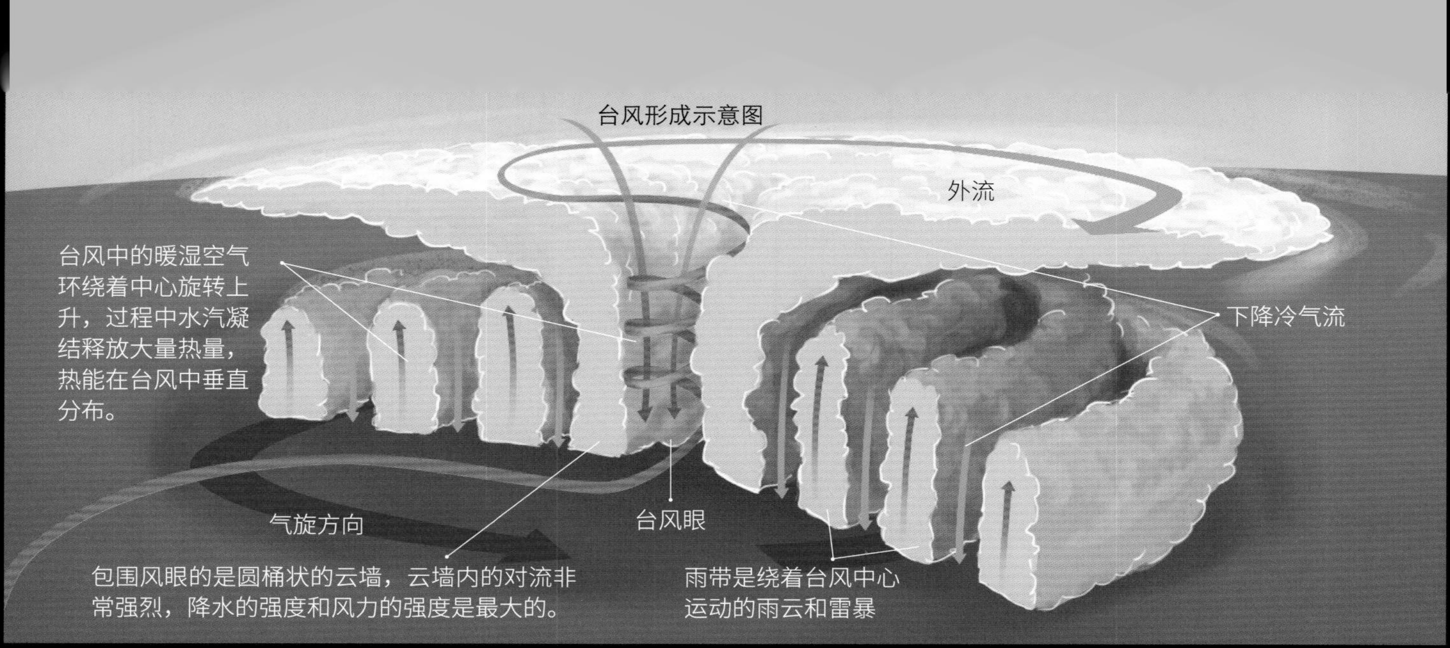

台风形成示意图

外流

台风中的暖湿空气
环绕着中心旋转上
升，过程中水汽凝
结释放大量热量，
热能在台风中垂直
分布。

下降冷气流

气旋方向

台风眼

包围风眼的是圆桶状的云墙，云墙内的对流非
常强烈，降水的强度和风力的强度是最大的。

雨带是绕着台风中心
运动的雨云和雷暴

台风

台风发源于热带海域，由于温度高，大量的海水被蒸发到空中，形成一个低气压中心。在北半球，随着气压的变化和地球自身的运动，流入的空气也旋转起来，形成一个逆时针旋转的空气旋涡，这就是热带气旋。只要气温不下降，这个热带气旋就会越来越强大，最后形成台风。中国气象局规定，热带气旋底层中心附近地面风速达 12 级，称为台风。登陆中国的台风主要发源于菲律宾以东的洋面上，平均每年有 7 次左右，登陆时间多在 7～9 月。

海洋风暴

海面上并不总是风平浪静，受大气变化和地转偏向力的影响，海面上会形成以环形模式移动的强风，并伴随有密集降雨。这类天气现象是最强烈的热带气旋，在北大西洋和加勒比海等地称为飓风，在太平洋地区称为台风。其他地区类似的现象则称为强风暴或旋风。

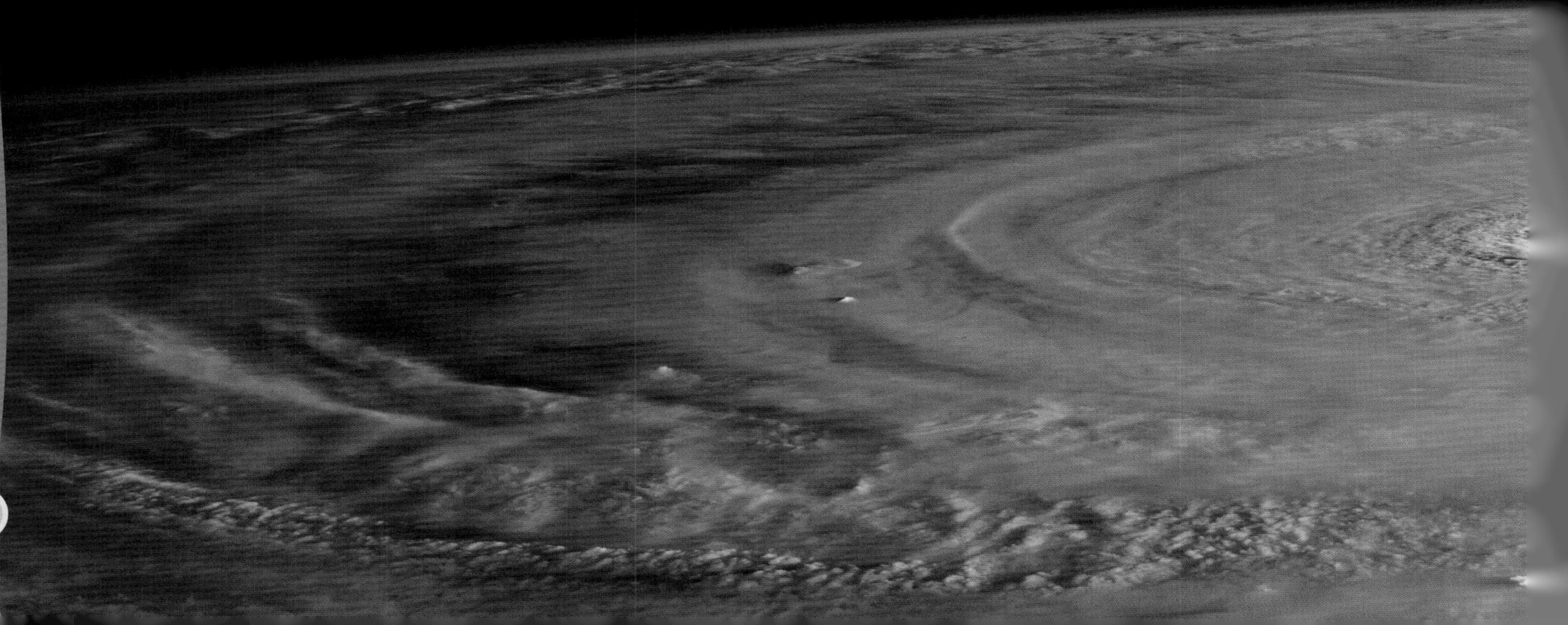

台风的命名

　　全球每年生成约 80 个台风，在有国际统一命名规则以前，有关国家和地区对台风的叫法不一。为了避免出现混乱，降低灾难预警和救灾成本，1997 年世界气象组织会议决定，西北太平洋和南海的热带气旋采用具有亚洲风格的名字命名，并制订了命名表。这份命名表中有 140 个名字，分别由与台风相关的 14 个成员国和地区提供，以便于各国人民防台抗灾、加强国际区域合作。人们对台风的命名多用"温柔"的名字，以期待台风带来的伤害小些，但是一旦某个台风对人类的生命财产造成了巨大的损失，那么它就会永久占有这个名字，该名字也会被从命名表中删除。

2023 年 8 月，受台风"杜苏芮"和"卡努"的双重影响，中国福建、安徽、河北、黑龙江等地连降暴雨，出现了较为严重的洪涝灾害。

被台风拦腰吹断的树木

台风的危害和益处

　　台风多生成于水温 26.5℃ 以上的热带海面上，其主要特征为海浪滔天、狂风暴雨。台风的破坏力极大，常造成房屋倒塌、树木损毁或人员伤亡，导致农田大面积被淹。在盛夏时节，台风有时也可以带来丰沛的雨水，能解除或缓解干旱地区的旱情。

风暴潮

　　风暴潮是由台风、温带气旋、冷锋的强风作用等强对流天气引起的海洋灾害，又称"风暴增水""风暴海啸"。风暴潮会使受到影响的海区的潮位极大地超过正常潮位。如果风暴潮恰好与影响海区天文潮位的高潮相重叠，就会使水位暴涨，海水涌进内陆，造成巨大破坏。1970 年 11 月发生在孟加拉湾沿岸地区的一次风暴潮，曾导致 30 余万人死亡和 100 多万人无家可归。

风暴潮会对人们的生命财产安全造成巨大的破坏

台风眼

　　成熟的台风中心一般都有一个圆形或椭圆形的台风眼，直径可达几十千米。眼区中气流下沉，风速一般很小，甚至无风，也几乎没有什么云。因此，台风眼中天气晴好，白天能够看到太阳，晚上可以看见星星，这里是台风中心的"桃花源"。而在台风眼壁之外的旋涡风雨区，却是天气最恶劣、大风和暴雨最强的区域。

海啸

海洋中发生强地震、火山爆发或海底塌陷、滑坡时，会引发具有强大破坏力的海浪运动，这就是海啸。海岸巨大山体滑坡、小行星溅落地球海洋、水下核爆炸也可以引起海啸。其中，海底地震是海啸发生的最主要原因，历史上发生的特大海啸基本上都是由海底地震引起的。海啸作为地震的次生灾害，其破坏力和杀伤力要远大于地震本身，它掀起的惊涛骇浪高度可达十多米甚至数十米，犹如一堵"水墙"。这种"水墙"内具有极大的能量，冲上陆地后可以席卷树木、推毁房屋、吞噬生命，对人类的生命和财产安全造成威胁。

海啸警示符号

印度尼西亚海啸

2004年12月26日，印度尼西亚苏门答腊岛以北的海底发生了里氏9.3级的大地震，发生的范围主要位于印度洋板块与亚欧板块的交界处。在这次罕见的巨大地震中，断层的移动又导致断层间产生一个空洞，当海水填充这个空洞时就产生了强烈的海水波动，引发了举世罕见的巨大海啸。这次地震引发的海啸高达10余米，波及范围达到6个时区之广，远至波斯湾的阿曼和非洲东岸的索马里、毛里求斯等国家，地震和海啸造成了20多万人死亡、50多万人无家可归以及大量的财产损失。

海啸的征兆

在沿海地区，地震是海啸的最明显征兆，地面强烈震动并发出隆隆声，预示着海啸可能袭来。海啸发生前夕，海面会出现异常的海浪。与普通的涨潮不同，距离海岸不远的浅海区海面会突然变成白色，浪头很高，并在前方出现一道长长的明亮的"水墙"。除此之外，海水突然异常暴退或暴涨、海水冒泡、海滩出现大量深海的鱼类等，都是海啸发生的前兆。

苏门答腊岛海岸附近的一个村庄在印度尼西亚海啸袭击后变为废墟

日本地震海啸

2011年3月11日，日本东北部海域发生里氏9.0级大地震并且引发海啸，地震和海啸对日本造成了重大的人员伤亡和财产损失。由于震源浅且地震规模大，此次地震引发的海啸规模也十分巨大，几乎影响到日本列岛太平洋沿岸所有地区。地震在造成约2万人死亡、6000多人受伤、超过120万栋房屋受损的同时，还造成日本福岛核电站的核泄漏，导致极为持久且广泛的辐射影响。这次地震还使得日本本州岛向东移动约2.4米，导致地球自转快了1.6微秒。

在日本宫城，海啸吞没了沿海的道路和房屋。

宫城县被海啸推上陆地的轮船

燃烧的福岛核电站

福岛核电站泄漏的放射物质铯-137影响捕鱼业

海啸中的自救

沿海地区一般都设有海啸预警中心，在海啸来临前给当地民众发出警报，提醒人们提前撤离。但大多数海啸是突然来临的，因此一旦发生地震或海面出现异常情况，都要立刻撤离，远离海岸。海啸最高速度可达1000千米／小时以上，因此，海啸来临时人们应快速往高的地方去，寻找坚固的建筑物避难。被海浪卷入海水的人要尽快寻找树木、床、柜子等漂浮物，努力使自己漂浮在水面上，坚持到海浪退却或等待救援，不要慌乱和挣扎，以免浪费体力。

位于泰国普吉岛的一个海啸逃生引导标志

2019 年，受全球气候变暖和厄尔尼诺现象的影响，中国云南出现了长期的干旱天气，农业生产遭到了比较严重的冲击。

厄尔尼诺和拉尼娜

厄尔尼诺和拉尼娜分别代表赤道太平洋中部及东部海域的海水产生周期性温度异常的两种现象。厄尔尼诺和拉尼娜现象发源于热带西太平洋暖池，这里是全球最大的暖水区域，也是驱动热带大气环流的主要热源。厄尔尼诺和拉尼娜现象发生时，海水温度异常，常有气象灾害发生，导致一部分地区干旱、少雨，庄稼颗粒无收；而另一部分地区出现大量暴雨，造成山洪暴发、土地被淹。

厄尔尼诺导致秘鲁暴雨成灾

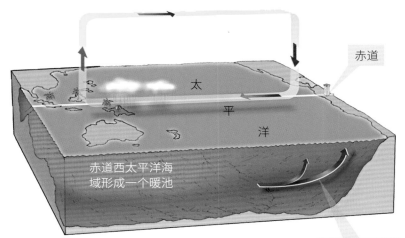

正常年份中的沃克环流圈

沃克环流圈

正常年份中，在赤道太平洋海域，由于西太平洋暖池水温最高，东太平洋水温最低，因此西太平洋盛行上升气流。气流升到高空后向东流去，到达低温的东太平洋后转向下沉，然后在海面上以东风形式返回西太平洋。这样，便构成了一个东西向的大气环流圈，气象学上称其为"沃克环流圈"。

赤道西太平洋表面海水温度降低，原多雨地区雨量大幅度减少，造成沿岸地区严重干旱，森林火灾频繁发生。

由于赤道太平洋中部和东部海域升温，出现上升气流，而西部暖池降温，上升气流减弱，导致沃克环流圈东移。

东太平洋表层海水温度升高后，产生上升流，使沿岸地区发生暴雨洪涝灾害。

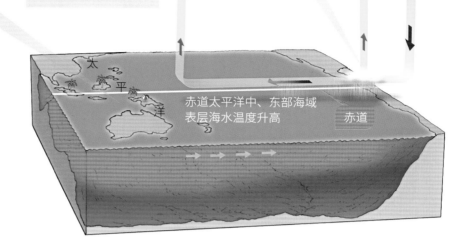

赤道太平洋中、东部海域
表层海水温度升高

赤道

厄尔尼诺现象

　　厄尔尼诺是西班牙语的中文音译，意思是"圣婴"。正常年份中，赤道太平洋中部和东部海域的表层海水被吹到赤道西太平洋海区，并在那里堆积形成一个大暖池，水温可达30℃。而东部海区，由于深层低温海水的涌升补充，海水温度降低到23℃～24℃。在厄尔尼诺发生期间，热带东风减弱，甚至吹西风，使得赤道西太平洋的暖池水反向东流，东部海区的冷水涌升减弱甚至停止。这样，就形成了西太平洋表层海水温度比常年偏低，而东太平洋表层海水温度偏高的现象，从而导致赤道太平洋周围海区气象异常。

厄尔尼诺发生时，一贯生活在太平洋东部海区的浮游生物，因缺乏由上升洋流带来的丰富营养物质而大量死亡，有些鱼类不得不逃之夭夭，致使秘鲁渔场的产量大幅度下降。

拉尼娜现象

　　厄尔尼诺发生期间，赤道太平洋中部和东部海域的表层海水温度升高，在持续半年到一年后，海水会逐渐降温恢复正常。如果海水温度降至平均值时还继续下降，并且低于平均值不止0.5℃，此时就出现了拉尼娜现象。拉尼娜是西班牙语，意为"圣女"，气象学上曾称它为反厄尔尼诺。拉尼娜引起的全球性灾害不如厄尔尼诺严重，主要因为拉尼娜发生期间，沃克环流圈并不发生移动，只是使赤道太平洋西部雨量更大，东部雨量更小。

西部海区的上升气流因海水表层温度持续上升而加强

拉尼娜发生期间，沃克环流圈并不发生移动。

东部海区表层海水异常低温，因而下沉气流加强。

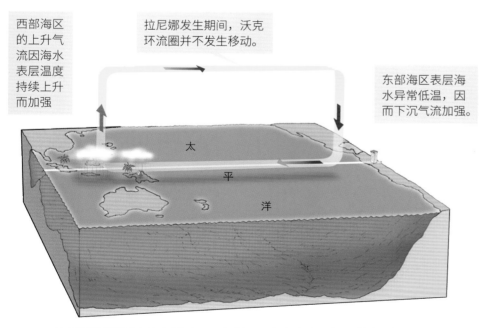

太
平
洋

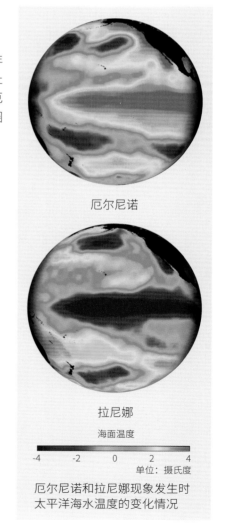

厄尔尼诺

拉尼娜

海面温度

-4　　-2　　0　　2　　4
单位：摄氏度

厄尔尼诺和拉尼娜现象发生时
太平洋海水温度的变化情况

拉尼娜通常跟随厄尔尼诺出现，但并不是每次发生厄尔尼诺时都出现拉尼娜。

太平洋

太平洋是地球上面积最大的洋，它从北冰洋一直延伸至南大洋，西面为亚洲、大洋洲，东面为北美洲、南美洲，总面积约 1.7 亿平方千米，平均深度 3957 米。太平洋约占地球水面的 46%，比地球上所有陆地面积的总和还要大。太平洋的名称起源于拉丁文 "Mare Pacificum"，意为"平静的海洋"，由航海家麦哲伦命名。然而，除了位于赤道无风带的海域外，大部分的太平洋海域其实并不安宁。在广阔无垠的太平洋上，分布着能够制造风浪的信风带、西风带和极地东风带。太平洋地区海域广阔，蕴藏着丰富的自然资源，环太平洋地区有 40 多个国家。

夏威夷群岛

夏威夷群岛位于太平洋中北部，由 8 个大岛、124 个小岛和岩礁组成，呈新月形断续延伸 2451 千米，陆地面积 16729 平方千米，是美国的海外领土之一。群岛中最大的夏威夷岛面积约 1.04 万平方千米，由 5 座火山交叠构成，其中冒纳罗亚火山和基拉韦厄火山为活火山。瓦胡岛面积 1574 平方千米，是太平洋海空交通要地，夏威夷州首府火奴鲁鲁（檀香山）和珍珠港位于其南岸。

冒纳罗亚火山口

夏威夷群岛

国际日期变更线

国际日期变更线又称国际日界线，基本位于太平洋中的 180°经线上，是一条区分地球上"昨天"和"今天"的"看不见的线"。1884 年，为了避免日期上的混乱，国际经度会议人为地划定了一条几乎不穿越任何陆地的折线。当人们从西向东经过国际日期变更线时，日期要减一天（即日期重复一次）；由东向西经过国际日期变更线，日期要加一天（即略去一天不算）。太平洋岛国图瓦卢首都富纳富提位于国际日期变更线西边，是全球当日最早迎接太阳照射的首都。

富纳富提环礁由 30 多个礁屿组成

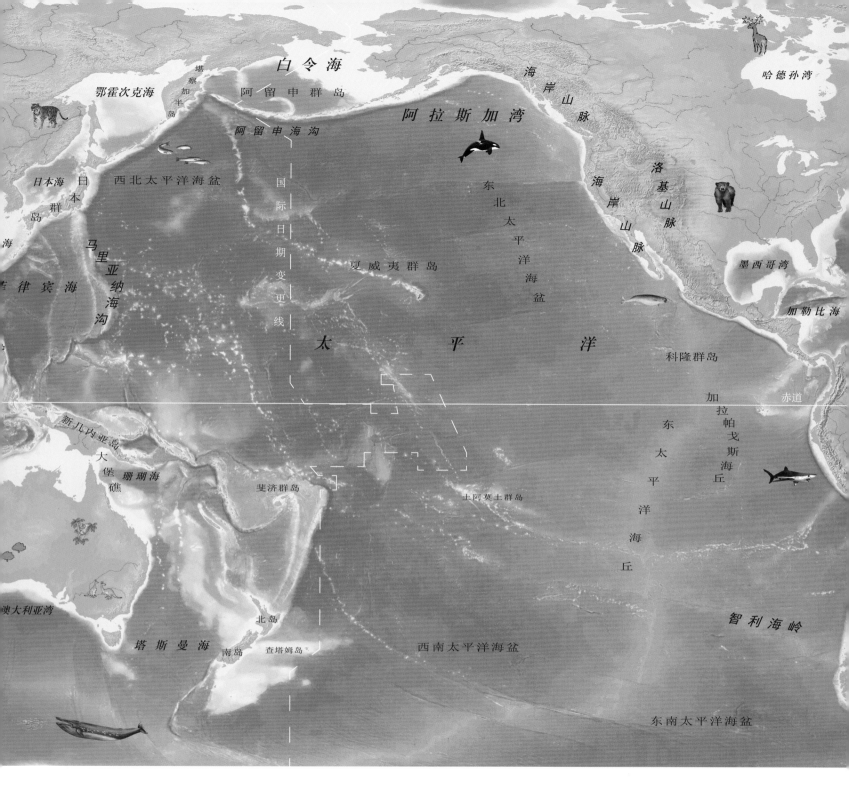

白令海

鄂霍次克海

塔察加半岛

阿留申群岛

阿留申海沟

海岸山脉

阿拉斯加湾

洛基山脉

日本海 日本群岛

西北太平洋海盆

国际日期变更线

东北太平洋海盆

海岸山脉

墨西哥湾

菲律宾海

马里亚纳海沟

夏威夷群岛

加勒比海

太 平 洋

科隆群岛

加拉帕戈斯海丘

赤道

新几内亚岛

大堡礁

珊瑚海

斐济群岛

土阿莫土群岛

东太平洋海丘

澳大利亚湾

塔斯曼海

北岛

南岛 查塔姆岛

西南太平洋海盆

智利海岭

东南太平洋海盆

菲律宾海

菲律宾海是位于北太平洋西部的边缘海，又称琉球海，水域面积约500万平方千米，平均深度4100米，是全球最大、最深的海。菲律宾海的海底地形复杂多样，是由一系列断层和褶皱所形成的结构盆地，其另一个显著特征是存在深海海沟，其中马里亚纳海沟是地球上最深的地方。菲律宾海域内栖息着3200余种鱼类、480余种珊瑚、800余种海藻和底栖藻类。这里也是鲸鲨、儒艮、巨型鲨鱼等濒临灭绝的海洋生物的繁殖地和觅食地。

菲律宾海是全球海洋生物多样性的中心之一

大西洋

　　大西洋是全球第二大洋，西邻北美洲和南美洲，北连北冰洋，东部与非洲和欧洲相邻，并连通地中海和黑海，东南面与印度洋连接，总面积约 9165 万平方千米，平均深度 3597 米。大西洋是相对年轻的大洋，在 1.3 亿年前因联合古陆受到海床扩展影响分裂而产生。大西洋纬度跨度大，动物及植物分布呈现热带地区种类多、中纬度和近极地区总量大的特点。大西洋地区生物资源开发较早，每年的渔获总量占全球海洋渔获总量的 40%。大西洋是世界航运最发达的大洋，东部、西部分别经苏伊士运河和巴拿马运河沟通印度洋及太平洋。在大西洋，全年海轮均可通航，海运量占世界海运量的一半以上，全世界3/4 的海港分布在这里。

巴拿马运河全长 82 千米，运河最宽处 304 米，最窄处 152 米，是全球航运要道之一。

巴拿马运河

　　南美洲与北美洲之间由一块狭长的陆地联系着，这块陆地称为"中美地峡"。中美地峡以北是加勒比海和大西洋，以南是太平洋。1914 年，一条人工水道沟通了地峡两边的大洋，这就是巴拿马运河。巴拿马运河起自大西洋岸边的科隆，止于太平洋岸边的巴拿马城。它就像架在大西洋与太平洋之间的一座"水桥"。通过巴拿马运河的航船，先要爬过三级水闸到达海拔 26 米的加通水库，再下三级水闸，才能到达海平面处。

哈德孙湾

巴芬湾

纽芬兰大浅滩

墨西哥湾

哈特勒斯深海平原

百慕大群岛

太平洋

加勒比海

巴拿马运河

大

德梅拉拉深海平原

亚马孙平原

秘鲁－智利海沟

巴西高原

北海

北海是大西洋东北部边缘海，位于欧洲大陆与大不列颠岛之间，总面积约57.5万平方千米。北海海岸地形复杂，北部海岸崎岖，南部为规则的低平海岸。东部和西部海岸有峭崖陡壁、岛屿林立的峡湾海岸，岩性坚硬的高地海岸，平直的沙质海岸等。北海是全球渔业最发达的海区之一，栖息着海蝶鱼、鳕鱼、鲭鱼、鲱鱼等，年捕获量高达330万吨。北海还有丰富的油气资源，自1959年以来探明的油气资源达47亿吨。挪威和英国是全球最早开展海上石油开采的国家。

荷兰的西南海岸线以冲积平原和纵横交错的岛屿组成，容易受到北海风暴潮影响。为了防止洪水侵袭，荷兰将这些小型陆地用堤坝和船闸连接起来。

鲑鱼

鳕鱼

佛得角群岛

佛得角群岛位于大西洋中部，东距非洲大陆最西点570多千米。佛得角群岛主要由15个岛屿组成，以佛得角首都普拉亚所在的圣地亚哥岛最大。佛得角群岛地处大西洋航道要冲，苏伊士运河开通前，佛得角群岛是欧洲—非洲—亚洲这一海上航线的必经之地，迄今仍是各洲远洋船只及大型飞机过往的重要补给地。在佛得角群岛的圣地亚哥岛上，拥有热带地区的第一个欧洲殖民定居点，这里至今还保存着一座皇家堡垒、两座教堂和城镇广场。

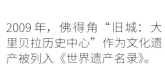

2009年，佛得角"旧城：大里贝拉历史中心"作为文化遗产被列入《世界遗产名录》。

印度洋

　　印度洋是全球第三大洋，位于亚洲、非洲、大洋洲和南极洲之间，北至印度次大陆及阿拉伯半岛，西达东非，东面以印度尼西亚、巽他群岛及澳大利亚为界，南临南大洋。印度洋总面积约 7617 万平方千米，平均深度 3711 米。印度洋大部分位于热带，经常有热带气旋产生。温暖的印度洋海水孕育了种类繁多的海洋动物、植物，拥有红树林、珊瑚礁等多种生态系统。印度洋沿岸石油资源丰富，全球 40% 的海洋石油开采来自印度洋。波斯湾是全球海底石油最大的产区。

繁忙的印度洋

　　印度洋的地理位置非常重要，是沟通非洲、欧洲和大洋洲的交通要道。印度洋向东通过马六甲海峡可进入太平洋，向西绕过好望角可达大西洋，向西北通过红海、苏伊士运河可入地中海。航线主要有亚洲—欧洲航线和南亚—东南亚—南非—大洋洲航线。印度洋的沿岸港口终年不冻，可以四季通航，其中马六甲海峡处于赤道无风带，全年风平浪静的日子很多。马六甲海峡连接了世界上人口众多的中国、印度和印度尼西亚 3 个国家，是西亚石油运到东亚的重要通道，也是全球的海上交通要道。

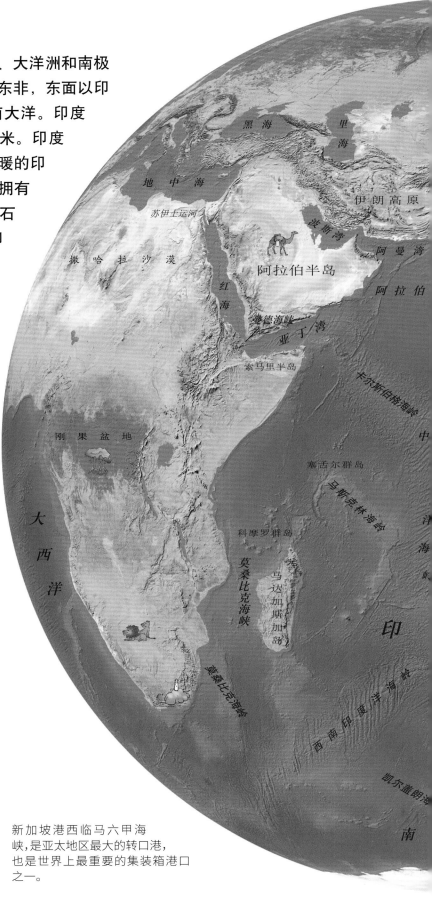

新加坡港西临马六甲海峡，是亚太地区最大的转口港，也是世界上最重要的集装箱港口之一。

莫桑比克岛

　　莫桑比克岛位于莫桑比克北部，印度洋莫苏里尔湾的入口处。莫桑比克岛上的城镇和防御工事，是这一地区杰出的建筑，它将当地传统与阿拉伯地区、葡萄牙、印度等地的各种建筑形式融合起来，形成了统一的整体。坚固的莫桑比克城就建在这个岛上，它是历史上葡萄牙人前往印度途经的一个贸易口岸，也是东西方海上贸易的重镇。受厄加勒斯洋流影响，这里常有海难发生，造成不同时期的商船在此失事，这也让莫桑比克岛沿岸成为水下考古和海底寻宝的"胜地"。

1991年，莫桑比克岛作为文化遗产被列入《世界遗产名录》。

马尔代夫群岛

　　马尔代夫群岛位于印度洋，由南北长820千米的1192座珊瑚礁岛组成。由于海平面上升，群岛中已有许多岛屿遭受海水泛滥和海岸侵蚀的影响。联合国环境署提出警告，依照目前海平面上升的速度，马尔代夫群岛将于2100年起不再适宜居住。

芭环礁位于马尔代夫群岛，由3个环礁、75个岛屿组成。

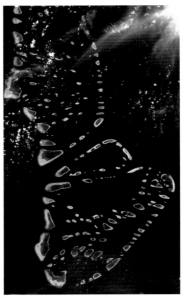

马尔代夫群岛

北冰洋

北冰洋是全球最小、最浅、最冷的海洋，位于地球最北端。北冰洋是近于封闭的海洋，被亚欧大陆和北美大陆所环抱，通过狭窄的白令海峡与太平洋相通，通过格陵兰海、丹麦海峡、戴维斯海峡等与大西洋相连，海岸线极其曲折，总面积约1475万平方千米，平均深度1225米。北冰洋冬季平均气温约−40℃，最低接近−70℃，靠近北极点的海域常年处于冰冻状态。这里气候寒冷，日照稀少，多暴风雪，夏季潮湿多雾，全年降雨量较少，越往北植物、动物越稀少，栖息着北极熊、海豹、鲸等海洋动物。北冰洋海域蕴藏着丰富的石油、天然气、煤炭等矿产资源，许多资源未被人类开发。

沃德·亨特冰架

沃德·亨特冰架位于埃尔斯米尔岛北岸，是加拿大仅存的5个冰架之一，面积约443平方千米，厚约40米，已有3000多年历史。2002年，冰架中心区域出现裂缝，又于2008年发生大规模断裂，形成了两座浮冰岛。目前，北极地区很多冰架逐渐崩解入海，冰架的数量和面积已大大萎缩。极地专家对这一现象的主要原因持不同意见，有人认为全球气候变化是"罪魁祸首"，还有人认为这是由海洋动力原因引发的。

沃德·亨特冰架是北极地区最大的冰架

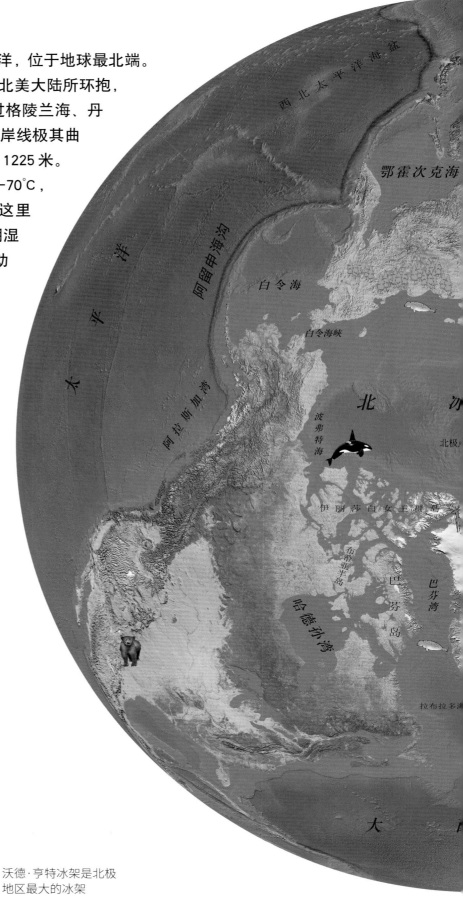

西北太平洋海盆

鄂霍次克海

太平洋

阿留申海沟

阿拉斯加湾

白令海

白令海峡

波弗特海

北极

北冰

伊丽莎白女王群岛

布希亚半岛

哈德孙湾

巴芬岛

巴芬湾

拉布拉多海

大

格陵兰岛

格陵兰岛位于北冰洋与大西洋之间，面积216.6万平方千米，是全球最大的岛屿，归丹麦管辖。格陵兰岛大部分位于北极圈内，全岛80%以上的面积长期被巨大的连续冰体所覆盖，冰盖平均厚度1500米。格陵兰冰盖形成于第四纪，当时的面积比现在大7倍，由南北两个穹形冰盖连接而成。西格陵兰岛的一些冰川流动速度达7千米/年，是全球流动速度最快的冰川。2021年8月14日，格陵兰岛降暴雨，这是人类有气象记录以来格陵兰岛第一次降暴雨。

因纽特人是格陵兰岛的原住民

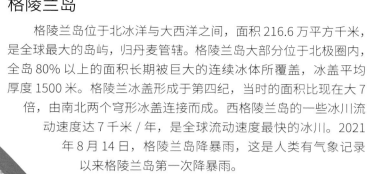

格陵兰岛气候严寒，年平均气温在0℃以下。

北极冰在融化

1980年前后，北极海冰中的多年冰占总海冰量的75%以上。进入21世纪，全球气候变暖导致北极海冰严重缩减，而2011年海冰中的多年冰只占总海冰量的45%。每到夏天，随着气温升高和日照时间的增加，数千个融水湖泊和溪流形成于格陵兰冰盖的表面，大量融水从格陵兰冰盖上的裂缝流入其底部，随着融水的下落，重力将能量转化为热量，就像大型水坝利用水力发电一样，加速了格陵兰冰盖的融化。

科学家估计，在融水高峰期，落水产生的能量与中国三峡大坝产生的能量相当。

南大洋

　　南大洋是一片环绕南极大陆、北边无陆界的独特水域，由南太平洋、南大西洋和南印度洋各一部分，连同南极大陆周围的威德尔海、罗斯海、阿蒙森海、别林斯高晋海等组成，总面积约2000万平方千米。1970年，联合国教科文组织建议把南极大陆到南纬60°纬线圈的海域定义为南大洋。2000年，国际海道测量组织将南大洋定为独立大洋。南大洋海水温度−2℃～10℃，洋流围绕南极洲从西向东流动。南极冰盖与海水间的温差产生很大的洋流动力，南纬40°到洋流边界成为地球上最强烈的风带。南大洋生物种类较少，生态系统脆弱，许多动物都直接或间接以海洋浮游植物为食，主要动物有磷虾、鲸类、海豹、企鹅及鱼类等。

环南极流

　　环南极流是南半球盛行西风吹送下形成的洋流，常年稳定地顺时针环绕南极大陆，是最典型的西风漂流。环南极流连接太平洋、大西洋和印度洋，是大洋之间最重要的物质交换通道，其海水输送量达1.73亿米^3/秒，是全球规模最大的洋流。环南极流将浮游植物沿南美洲海岸运送到大西洋，浮游植物是南极磷虾的主要食物来源，而南极磷虾的数量是否稳定，直接影响着环南极海域鲸类、海豹和鸟类的生存。

环南极流将浮游植物沿南美洲海岸运送到大西洋，从卫星图上可以清晰地看到浮游植物的浓度由低到高的变化，浓度低的海域显现为蓝色，浓度高的海域显现为黄色。

大西洋

南桑威奇海沟

长城站（中国）

威德尔海

南极半岛

别林斯高晋海

阿蒙森-斯科特站（美国）

阿蒙森海

罗斯冰

罗斯

太平洋

路易斯维尔海岭

罗斯冰架是人类开展南极探险和考察的重要基地

南极地名命名

　　从 16 世纪开始，人类陆续来到南极探险，许多无人之地先后有了名字。有些南极的地名源于最先到达或最先发现这里的人的名字，如德雷克海峡、别林斯高晋海、罗斯冰架、威德尔海等。有些南极动物的名字也与发现者有关，如威德尔海豹、阿德利企鹅等。南极地名命名涉及国际性、科学性、政治性等许多复杂问题，为使南极地名逐趋统一化、规范化，国际社会已制定南极命名的国际准则，建立了国际南极地名数据库。

布朗海崖位于南极半岛北端，是约 2 万对阿德利企鹅的栖息地。

南极半岛

　　南极半岛是南极洲最大的半岛，濒临威德尔海和别林斯高晋海，近海有宽广的大陆架，东侧有菲尔希纳陆缘冰。南极半岛多为崎岖的山地和高原，大部分被冰雪覆盖，最高点杰克逊山海拔 4191 米。南极半岛海岸曲折呈峡湾形，岛屿众多。与南极洲其他地区相比，半岛气候较为温和，年平均降水量 600 毫米，植被相对丰富茂盛。半岛西海岸有未被冰雪覆盖的绿洲，生长苔藓、地衣和藻类，是南极大陆唯一发现有开花植物的地区。

巴芬湾

格陵兰岛

斯瓦尔巴群岛

喀拉海海峡

格 陵 兰 海

巴伦支海

扬马延岛

白海

丹麦海峡

挪 威 海

波的尼亚湾

冰岛

大 西 洋　　法罗群岛

设得兰群岛

挪威海

　　挪威海位于巴伦支海西南部，西北与格陵兰海相接，南连冰岛、法罗群岛、设得兰群岛和挪威西南塔德角的海岭，东与斯堪的纳维亚半岛相邻，是北冰洋的边缘海。挪威海有大西洋较暖且咸的洋流经过，海面不会结冰，所以海域渔产丰富，栖息着鳕鱼、鲱鱼、沙丁鱼及鲲鱼等。

挪威海的海岸线有由冰川侵蚀而成的峡湾，这是高纬度地区沿海较为常见的景观。

边缘海

　　边缘海位于大陆和大洋的边缘，它们的一侧为陆地，另一侧以半岛、岛屿或岛弧与大洋分隔。边缘海有着丰富的海底矿产资源和深海生物资源。全球重要的边缘海有白令海、鄂霍次克海、塔斯曼海、日本海、阿拉伯海、挪威海等。中国有黄海、东海和南海三大边缘海。

阿拉伯海中栖息着金枪鱼、沙丁鱼、长吻鱼、小丑鱼等鱼类

日本海

　　日本海位于亚洲大陆与日本群岛之间，周围环以萨哈林岛（库页岛）、北海道岛、本州岛、九州岛、对马岛和朝鲜半岛等，是太平洋西北部的半封闭边缘海。日本海处于寒流、暖流前缘和沿岸河口附近，浮游生物众多，生物资源丰富，栖息着沙丁鱼、墨鱼、鲭鱼、大麻哈鱼等。

新潟是日本港口城市及渔场之一，其沿海处于寒流、暖流交汇处。

位于塔斯曼海沿岸的威尔逊海角，是澳大利亚最南端的一块陆地。

因纽特猎人在白令海冰封的海面上寻找海豹的踪迹

白令海

　　白令海位于亚洲与北美洲之间，西为俄罗斯西伯利亚，东为美国阿拉斯加，南临阿留申群岛和科曼多尔群岛，北经白令海峡与北冰洋的楚科奇海相通，是太平洋最北部的边缘海。科学家认为，在最近一次的冰河时期，海平面的高度比现在低，因纽特人的祖先和一些动物可以徒步穿越白令海上的白令海峡由亚洲迁移到北美洲，这条"白令陆桥"就是人类首次进入美洲的通道。

塔斯曼海

　　塔斯曼海位于澳大利亚东南部、塔斯马尼亚岛和新西兰之间，北为珊瑚海，西南经巴斯海峡与印度洋相连，东有库克海峡与太平洋相通，是太平洋西南部的边缘海。因地处西风带，塔斯曼海以其咆哮的风暴闻名。塔斯曼海资源丰富，栖息着鲱鱼、旗鱼、飞鱼等。巴斯海峡东端吉普斯兰盆地有澳大利亚最大的近海油气田。塔斯曼海沿岸港口有悉尼、奥克兰等。

塔斯曼海上的群岛是小蓝企鹅的主要栖息地，这种企鹅是全球最小的企鹅。

海洋名片

鄂霍次克海
英文名：Sea of Okhotsk
位置：北纬55°，东经150°
面积：160.3万平方千米
平均深度：821米
最大水深：3521米

英吉利海峡

比斯开湾

亚得里亚海

黑海

伊比利亚半岛

亚平宁半岛

科西嘉岛

撒丁岛

第勒尼安海

巴尔干半岛

马尔马拉海

地

直布罗陀海峡

突尼斯海峡

伊奥尼亚海

爱琴海

小亚细亚半岛

中

撒 哈 拉 沙 漠

苏尔特湾

海

苏伊士运河

红海

地中海

　　地中海位于北大西洋东部，西面通过直布罗陀海峡与大西洋相接，东面通过土耳其海峡与黑海相连。地中海作为陆间海，风浪较小，加上沿岸海岸线曲折，岛屿众多，因而拥有许多天然良港，是沟通亚洲、非洲和欧洲的交通要道。这样的地理条件使地中海从古代开始就拥有繁盛的海上贸易网络，促进了古埃及文明、古希腊文明、古罗马文明等古代文明的繁荣和发展。地中海的沿岸港口有直布罗陀、巴塞罗那、马赛、贝鲁特等。

爱琴海是地中海东部海域，曾诞生灿烂的古希腊文明，被誉为"西方文明的摇篮"。

陆间海

　　陆间海在海洋学上是指被陆地环绕、形似湖泊但具有海洋特质的海洋，一般与大洋之间仅以较窄的海峡相连。陆间海周围多良港，海上贸易繁忙。全球最大的陆间海是地中海，面积约251万平方千米；最小的陆间海是土耳其海峡中的马尔马拉海，面积约1.1万平方千米。

马尔马拉海

红海

　　红海位于亚洲的阿拉伯半岛和非洲大陆之间，是印度洋西北部的狭长陆间海，总面积约 45 万平方千米，长度 2253 千米，最大宽度 306 千米。由于没有河川注入，而且所在的沙漠地带雨量稀少，故红海是全球含盐度最高的海域之一。1869 年，苏伊士运河开辟后，红海成为直接沟通印度洋和大西洋的重要国际航道，沿岸港口有苏伊士、古赛尔、塞利夫、吉赞等。

当海水中的束毛藻大量繁殖时，红海的海水就会变成红色，"红海"也因此得名。

爪哇海

　　爪哇海位于苏门答腊、邦加、勿里洞、婆罗洲、苏拉威西、马都拉和爪哇岛之间，是属于太平洋的陆间海。爪哇海东西长约 1450 千米，南北宽 420 千米，总面积 43.3 万平方千米，为中国南海、印度洋及澳大利亚之间的重要航道。受季风洋流影响，爪哇海每年 9 月至次年 5 月表层海水向西流动，其他月份向东流动。爪哇海西部、南部及东北部近岛海域有石油和天然气，西部海域还有海底锡砂，南部多珊瑚礁。爪哇海的沿岸港口有雅加达、三宝垄、泗水、望加锡、马辰等。

雅加达港口

加勒比海的伯利兹大蓝洞

加勒比海

　　加勒比海位于北大西洋的西南部，地处大安的列斯群岛、小安的列斯群岛与中美洲、南美洲之间，总面积约 275.4 万平方千米。17 世纪时，这里是欧洲大陆的商旅舰队到达美洲的必经之地，所以当时这里的海盗活动非常猖獗。20 世纪初，巴拿马运河通航后，加勒比海既成为连接大西洋和太平洋的交通要道，也是南美洲、北美洲之间许多航线的枢纽，因此获得了"美洲地中海"的称号，具有十分重要的战略地位。加勒比海的沿岸港口有加拉加斯、科隆、金斯敦等。

海峡

　　海峡是指两块陆地之间连接两片海或洋的狭窄水道，是地壳运动的产物。地壳运动时，临近海洋的陆地断裂下陷，出现深沟并被海水淹没，把大陆与临近的海岛或相邻的两块大陆分开。海峡的水较深，水流较急，底质多为坚硬的岩石或沙砾。有的海峡沟通两海，如台湾海峡沟通东海与南海；有的海峡沟通两洋，如德雷克海峡沟通大西洋与太平洋；有的海峡沟通海和洋，如直布罗陀海峡沟通地中海与大西洋。因此，海峡有"海上走廊"之称。自古以来，海峡不仅是交通要道、航运枢纽，还是兵家必争之地。

直布罗陀海峡两岸分别为欧洲西班牙和非洲摩洛哥。直布罗陀是欧洲伊比利亚半岛南端的城市和港口，1704 年起被英国占领为殖民地。

直布罗陀海峡

　　直布罗陀海峡位于欧洲伊比利亚半岛南端与非洲大陆西北部之间，沟通地中海与大西洋，是西欧、北欧各国舰船经地中海、苏伊士运河南下印度洋的咽喉要道，也是飞机选择自由过境的常用空中走廊，有"西方的生命线"之称。21 世纪初，直布罗陀海峡已成为世界上最为繁忙的海上通道之一。从西欧、北欧各国到印度洋和太平洋沿岸国家的船只，一般都会经由直布罗陀海峡—地中海—苏伊士运河—曼德海峡这条航路。

地 中 海

直布罗陀（英占）

阿尔赫西拉斯湾

阿尔赫西拉斯

阿尔米纳角

马罗基角

直布罗陀海峡

赛尔吉堡

得土安

丹吉尔

大 西 洋

德雷克海峡

德雷克海峡位于南美洲最南端和南极洲南设得兰群岛之间，紧邻智利和阿根廷两国，是大西洋和太平洋在南部相互沟通的重要海峡，也是南美洲和南极洲的分界。德雷克海峡是全球最宽的海峡，最大宽度约 950 千米；也是全球最深的海峡，最大深度 4750 米。受极地旋风影响，德雷克海峡中常有狂风巨浪，从南极滑落下来的冰山也常漂浮在海峡中。

沙漏斑纹海豚栖息于环南极地区，是德雷克海峡海域唯一的一种海豚。

莫桑比克海峡

莫桑比克海峡位于非洲大陆东南岸与马达加斯加岛之间，与好望角南部水道一起构成非洲–北美海上航线，沟通西印度洋与南大西洋，是世界海上咽喉要道之一。莫桑比克海峡长 1670 千米，是全球最长的海峡。海峡北口有众多的岛屿和珊瑚礁，属于热带气候，终年炎热多雨。

远洋白鳍鲨常栖息于莫桑比克海峡附近海域，它们有领航鱼陪伴，领航鱼以远洋白鳍鲨吃剩的食物为食。

白缘眼灰蝶

英吉利海峡

英吉利海峡位于英国和法国之间，沟通大西洋与北海，是国际航运要道。海峡主要岛屿有北岸的怀特岛和南岸的海峡群岛等，主要海湾有莱姆湾、塞纳湾和圣马洛湾，海峡沿岸自然景观独特壮美。多佛白崖位于英国，形成于约 100 万年前，悬崖由白垩土及黑色燧石条纹构成。多佛白崖的钙质土壤和湿润的海洋性气候比较适合矮小植物生长，也为多种蝴蝶和鸟类提供了绝佳生存环境。英吉利海峡属于温带海洋气候，海峡区气候冬暖夏凉，常年降雨均匀，日照较少。

多佛白崖长 5 千米

受农药化学污染的影响，在英吉利海峡沿岸生活的游隼曾一度濒危。随着农业生产对农药使用的限制，游隼数量有所增加。

新奥尔良 ●

阿巴拉契湾

佛罗里达半岛

休斯敦 ●

墨 西 哥 湾

海湾

墨 西 哥 海 盆

　　向海突进的两个半岛或两块陆地之间，会形成一片向陆地弯曲的海域，这就是海湾。海湾形态多样，面积有大有小，全球有5个面积超过100万平方千米的大海湾，即墨西哥湾、孟加拉湾、阿拉斯加湾、几内亚湾和哈得孙湾。海湾地处陆地边缘，以前人们利用海湾进行捕鱼和航海，如今的海湾已发展为现代海洋开发利用的综合基地。

佛罗里达海

哈瓦那 ●

古 巴 岛

尤 卡 坦 海 峡

● 梅里达

尤 卡 坦 半 岛

哈拉帕 ●　　　坎 佩 切 湾　　　● 坎佩切

加 勒 比 海

墨西哥湾

　　墨西哥湾位于北美洲东南部边缘，是大西洋的一部分，因濒临墨西哥而得名。它的轮廓略呈椭圆形，周围大部分被美国和墨西哥的领土环抱。北美洲最长的河流——密西西比河的入海口，就在墨西哥湾。入湾河流带来许多悬浮物质和浮游生物，为鱼类提供了丰富的饵料，墨西哥湾因此成为北美洲的重要渔场。由于油气资源储量丰富，墨西哥湾是全球最早进行海洋石油勘探和开采的地区之一。此外，墨西哥湾也是全球潮汐的潮差最小的海域之一。

佛罗里达半岛西临墨西哥湾，有棕榈滩、大沼泽等景观。

海洋世界

48

几内亚湾

　　几内亚湾位于非洲西部，以尼日尔河三角洲为界，东侧为邦尼湾，西侧为贝宁湾。几内亚湾的大陆架富藏石油，尤以尼日利亚近海的储量最大。几内亚湾是西非和美洲间的贸易通道，殖民者曾在此大肆掠夺黄金、象牙等资源，因此沿岸有"黄金海岸"和"象牙海岸"之称。16世纪，几内亚湾周边地区是主要的黑奴出口地，西方国家长期的殖民掠夺给这里的非洲人民带来了沉重的苦难。几内亚湾内的岛屿具有丰富的生物多样性，许多动物和植物仅分布于几内亚湾的圣多美岛和普林西比岛上。

加纳南邻几内亚湾，在殖民地时期，这里有"英属黄金海岸"之称。

普岛金织雀

普林西比花蜜鸟

波斯湾

　　波斯湾是位于印度洋西北部一个深入大陆的大海湾，夹在阿拉伯半岛与伊朗高原之间，呈狭长的新月形，面积约24万平方千米。千百万年前，这里曾是一片汪洋大海，海中有极为丰富的藻类、鱼类以及其他生物。后来，随着地质变化，大量死亡的动物、植物被埋入岩层中，在高温、高压的条件下形成石油，频繁的地壳运动又使这些岩层形成了有利于储油的穹隆构造，波斯湾地区因此成为世界上最大的石油产地和供应基地，石油储量约910亿吨，占世界探明总储量的64.5%。因为石油资源丰富，波斯湾沿岸也逐渐兴起了迪拜、多哈等发达的中东城市。

迪拜棕榈岛

多哈西湾区

比斯开湾

　　比斯开湾位于北大西洋东北部，在欧洲伊比利亚半岛和法国布列塔尼半岛之间，东岸和南岸分别为法国和西班牙，面积22.3万平方千米。比斯开湾以风暴频繁著称，猛烈的西北风激起的巨浪对航行不利。比斯开湾沿海地带为冬暖夏凉的海洋性气候，渔业资源丰富，栖息着沙丁鱼、鳕鱼等，沿法国海岸有众多牡蛎养殖场。比斯开湾的沿岸港口有布雷斯特、波尔多、多诺斯蒂亚、桑坦德等。

比斯开湾沿岸渔场

岛屿

岛屿是完全被水包围的小块陆地，其中面积较大的称为岛，如全球最大的岛格陵兰岛；面积较小的称为屿，如中国厦门的鼓浪屿；彼此相距较近的一群岛屿称为群岛，如全球最大的群岛马来群岛；许多岛屿排成一列或弧形称为列岛，如中国的澎湖列岛。全球有5万多个岛屿，总面积约997万平方千米。按照成因划分，岛屿可分为大陆岛、火山岛和珊瑚岛等，大陆岛是原属于大陆一部分的岛屿，如中国海南岛；火山岛是海底火山喷发后喷发物堆积形成的岛屿，如斐济群岛；珊瑚岛是珊瑚骨骼聚集形成的，澳大利亚的大堡礁堪称全球最壮观的珊瑚群岛。一个国家的主要领土坐落于一个或多个岛屿之上称为岛国，世界上共有40多个岛国，如印度尼西亚、日本、英国、马尔代夫、冰岛等。

冰岛间歇泉堪称世界奇观，最高温度可达180℃。地下沸水在下沉积蓄力量后，最大喷发高度可达30米。

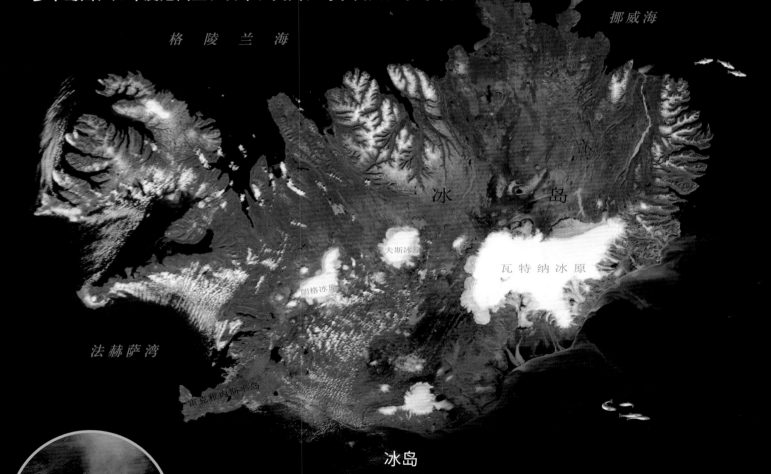

格 陵 兰 海

挪 威 海

冰 岛

夫斯冰原

瓦 特 纳 冰 原

朗格冰原

法 赫 萨 湾

雷克雅内斯半岛

冰岛

冰岛位于欧洲西北部，介于大西洋和北冰洋的格陵兰海之间，靠近北极圈，面积约10.3万平方千米。冰岛是火山岛，也是火山活动最活跃的地区之一，岛上有30多座活火山，平均每5年就有一次较大规模的火山爆发。华纳达尔斯赫努克火山为全岛最高峰，海拔2119米。冰岛还有许多温泉，蓝湖是冰岛最大的温泉。由于地热资源丰富，冰岛86%的居民都利用地热能取暖。

冰岛火山活动频繁，2021年，休眠了700多年的法格拉达尔火山再次喷发。

马来群岛

马来群岛旧称南洋群岛，位于太平洋与印度洋之间的广阔海域，共有 2 万多个岛屿，总面积 242.2 万平方千米，是全球最大的群岛。马来群岛包括大巽他群岛、小巽他群岛、菲律宾群岛等群岛。群岛为南北大陆生物种的过渡地带，拥有亚洲与澳大利亚的动物和植物。马来群岛共有 11 条重要海峡，海岸线绵长而曲折，多港湾、港口，是世界重要的海航要道。

科莫多巨蜥

科莫多岛位于小巽他群岛，岛上独特的生态孕育出特有的生物，如世界上最大的蜥蜴——科莫多巨蜥。

吕宋岛位于菲律宾北部，是菲律宾群岛中最大的岛，也是菲律宾首都马尼拉的所在地。

马达加斯加岛

马达加斯加岛位于非洲大陆东南角，隔莫桑比克海峡与非洲大陆相望，总面积超过 58 万平方千米，是典型的大陆岛，也是全球第四大岛。在远古时代，马达加斯加岛曾是非洲古陆的一部分，在距今约 8800 万年前与大陆分离，使当地的原生动物得以在相对隔离的自然条件下繁衍生息，马达加斯加也因此成为生物多样性的热点地区，80% 的野生动物和植物都是该岛特有，如环尾狐猴、旅人蕉等。但是，岛上多样化的生态系统和独特的野生动物和植物种类，一直以来也受到人类活动的威胁。

环尾狐猴

马岛长尾狸猫

马达加斯加岛可分中部高原地带、东部带状低地以及西部平原

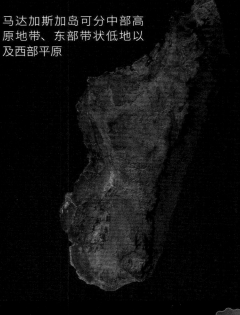

维氏冕狐猴

鼓浪屿

英文名称：Gulangyu

位置：北纬 24° 26′，东经 118° 03′

面积：1.9 平方千米

海拔：92.7 米

海洋名片

亚 丁 湾

阿赛尔角

博萨索

比纳角

哈丰
哈丰角

马贝尔角

索 马 里 半 岛

拉斯阿诺

印

索马里半岛靠近赤道，但西部的热带季风无法吹拂到半岛沿岸，而冬季从阿拉伯半岛吹来的东北信风也无法带来任何湿气，所以索马里半岛长期干旱少雨，有大片的热带荒漠。

度

洋

半岛

在各大陆的边缘处，有一些延伸进海洋或湖泊中的小块陆地，它们三面临水，一面与陆地相连，因此都被归入了同一种陆地类型——半岛。世界上有很多著名的半岛，如位于非洲大陆东部，有"红海的门闩"之称，又称"非洲之角"的索马里半岛；位于欧洲南部，像一只延伸进地中海的"长筒靴"的亚平宁半岛；世界上最大的半岛阿拉伯半岛；欧洲最大的半岛斯堪的纳维亚半岛等。中国的半岛主要有山东半岛、辽东半岛、雷州半岛等。

索马里半岛

索马里半岛位于非洲东北部，东临西印度洋及阿拉伯海，北临亚丁湾，总面积约 75 万平方千米，是非洲最大的半岛，因其形状很像犀牛的角，人们称它为"非洲之角"。索马里半岛对面为亚洲的阿拉伯半岛，向西北不远是欧洲，地处亚洲、非洲、欧洲的交通要冲，扼守着红海通向印度洋的门户。

没药花朵

古代索马里半岛盛产乳香、没药等昂贵香料，因而这里又称"香料之地"。

阿拉伯半岛

阿拉伯半岛是亚洲伸入印度洋的半岛，面积约300万平方千米，是世界上最大的半岛。沙特阿拉伯、也门、阿曼、阿拉伯联合酋长国、以色列等国家都位于阿拉伯半岛上。半岛沿波斯湾周围有大量石油储藏，给阿拉伯半岛上临近波斯湾的国家带来了巨大的财富。阿拉伯半岛是伊斯兰教的诞生地，创教人穆罕默德在这里出生和成长。阿拉伯半岛常年受副高压带及信风带控制，气候非常干燥，几乎整个半岛都是热带沙漠气候区，并有面积较大的无流区，缺乏天然淡水资源。

圣城麦加

亚平宁半岛的气候以地中海气候为主

亚平宁半岛

亚平宁半岛又称意大利半岛，位于地中海中部，亚得里亚海、伊奥尼亚海和第勒尼安海、利古里亚海之间，面积约25.1万平方千米。除了意大利之外，圣马力诺和梵蒂冈也位于亚平宁半岛上。亚平宁半岛上的矿藏有汞、钾盐和大理石等，尤其是大理石久负盛名。亚平宁半岛冬季多雨，夏季干燥，适合葡萄、柑橘、油橄榄等作物的生长。

油棕果实

中南半岛下龙湾是海上喀斯特地貌最典型的地区之一，大部分岛屿无人居住。

中南半岛

中南半岛又称中印半岛，位于中国和南亚次大陆之间，东临南海、泰国湾，西临孟加拉湾、安达曼海和马六甲海峡。中南半岛面积约206.9万平方千米，缅甸、泰国、老挝、柬埔寨、越南等国家都位于这里。中南半岛的水力资源十分丰富，河口地区冲积而成的三角洲土地肥沃，非常适于农业生产。半岛上盛产水稻、橡胶、棕油、椰油、甘蔗等农作物和经济作物，其中橡胶的产量居世界首位。

割胶工人在橡胶树的树皮上割一个槽，橡胶树的汁液会沿着槽流入收容器。

密 西 哥 湾

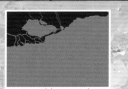

公元前 2000 年

公元前 1000 年

公元 1000 年

密西西比河三角洲形成示意图

三角洲

　　在河流入海口附近，常有面积很大的三角洲，它是由河流流进大海前携带的泥沙在入海口处堆积而成的，因其外形类似希腊字母"Δ"，所以称为三角洲。全球大部分河流的入海口附近，都会形成一个三角洲平原，如埃及尼罗河三角洲平原、美国密西西比河三角洲平原、俄罗斯勒拿河三角洲平原等。三角洲的生态环境较为脆弱，容易受到人类活动的破坏。

美国密西西比河三角洲

　　密西西比河三角洲位于美国东南部，奔腾的密西西比河河水向南注入墨西哥湾。密西西比河三角洲南部呈长条形远远伸入海中，末端又分为数股岔流，是典型的鸟足形三角洲。密西西比河三角洲是美国棉花、稻米、甘蔗三大经济作物的主产区，渔业和石油资源也十分丰富。

墨 西 哥 湾

三角洲的形成

　　形成三角洲的首要条件是河口有充足的泥沙，尤其是从上游来的沙量要大。河口沿岸没有强大的波浪和海流也是三角洲形成的必要条件，因为强大的海洋动力会将河口泥沙带走，不利于泥沙堆积。此外，河口外海滨区水下斜坡的坡度大小，也对三角洲的形成有所影响。当水下坡度小时，广阔的浅水区对波浪具有消能作用，有利于三角洲的形成。根据三角洲的滨线形态，可将三角洲分为鸟足形三角洲、舌形三角洲、尖嘴形三角洲、河口湾三角洲等。

埃及尼罗河三角洲

　　尼罗河三角洲位于埃及北部，是由尼罗河干流进入埃及北部后在开罗附近散开，最终汇入地中海形成的尖嘴形三角洲。尼罗河三角洲地势低平、土壤肥沃、河网纵横，集中了埃及 2/3 的耕地，灌溉农业发达。每年夏天，尼罗河挟带黑色的沃土流进三角洲，把这里变成肥沃的土地。大约在 1 万年前，古埃及人就在尼罗河三角洲聚居，修筑堤坝，在洪水退后的松软土地上耕种。尼罗河沿岸居民的辛勤劳动，孕育出了灿烂的古代埃及文明。

这幅创作于公元前 15 世纪的壁画展现了古埃及人在尼罗河三角洲上的耕作活动

俄罗斯勒拿河三角洲

　　勒拿河三角洲位于俄罗斯东北部，形成于入海河流含沙量高、河道较多的勒拿河河口区，其河口沙坝受河流的改道和摆动变化的影响，状似舌形，是较为典型的舌形三角洲。勒拿河发源于贝加尔湖北部山区，最终流入北极圈内风大浪急的拉普捷夫海。勒拿河三角洲面积辽阔，仅次于美国的密西西比河三角洲。

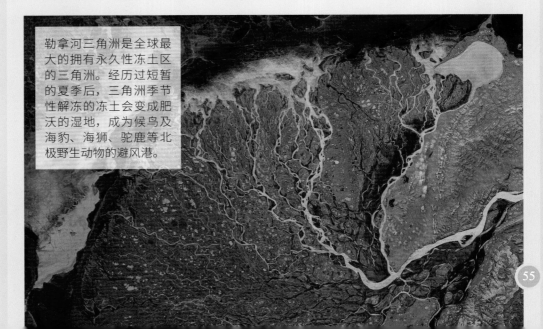

勒拿河三角洲是全球最大的拥有永久性冻土区的三角洲。经历过短暂的夏季后，三角洲季节性解冻的冻土会变成肥沃的湿地，成为候鸟及海豹、海狮、驼鹿等北极野生动物的避风港。

鸟足形三角洲形成于河流作用较强、入海河流含沙量较高的河口区，堆积而成的沙嘴状似鸟足。

公海与领海

　　根据《联合国海洋法公约》，海域的划分从内海开始向外延伸，依次为领海、毗连区、专属经济区、大陆架、公海。公海的概念产生于16世纪末至17世纪初。1609年，胡果·格劳秀斯在《海洋自由论或属于荷兰人从事东印度公司的权利（论海洋自由或荷兰参与东印度贸易的权利）》中提出，公海如同公路，根据自然法，人人都可以自由地通行，公海一词由此产生。到了19世纪，公海概念与领海概念同时获得了国际社会的普遍承认。

中国"棒棰岛"邮票

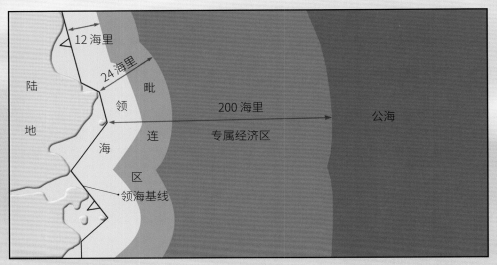

公海与领海示意图

内水

　　沿海国陆地领土之内的水域和领海基线向陆一面的全部水域，称为内水，包括这个国家的港口、河流、湖泊、运河、内海、封闭性海湾和泊船处等。内水是一个国家领土的重要部分，与国家陆地领土具有同样的法律地位。世界各国对其内水享有完全的和排他的领土主权，有权拒绝外国船只进入其内水。沿海国对驶入其内水或在其港口的外国商船和船员享有刑事及民事管辖权，但是只要不妨碍和危及沿海国家的安全、秩序和利益，沿海国一般不行使这两种管辖权。

领海

　　领海是国家领土在海洋的延续，属于海洋国土的一部分。《联合国海洋法公约》第2条规定，沿海国的主权及于其陆地领土及其内水以外邻接的一带海域，在群岛国的情况下则及于群岛水域以外邻接的一带海域，称为领海。领海基线是沿海国划定领海外部界限的一条起算线，包括正常基线、直线基线、混合基线。《联合国海洋法公约》规定，每个国家有权确定其领海的宽度，直到从按照基线量起不超过12海里的线。

锦母角是中国版图上大陆架最南端的海角，位于北纬18°9′30″、东经109°34′24″。

专属经济区

《联合国海洋法公约》规定，从测量领海宽度的基线量起，不超过200海里的海域即为这个沿海国的专属经济区。在专属经济区内，沿海国有勘探、开发、养护和管理的主权权利，有利用海水、海流和风力生产能源的主权权利，有对建造和使用人工岛屿、进行海洋科学研究及海洋环境保护的管辖权。其他国家在专属经济区内仍享有航行和飞越的自由、铺设海底电缆和管道的自由，以及与这些自由有关的其他符合国际法的权利。

沿海国在专属经济区内享有对渔业的专属管辖权。各国立法一般都规定，外国渔船非经许可不得在专属经济区内捕鱼。

公海

《联合国海洋法公约》规定，公海是不包括在国家的专属经济区、领海和内水或群岛国的群岛水域内的全部海域。公海供所有国家平等地共同使用。公海不是任何国家领土的组成部分，因而不处于任何国家的主权之下；任何国家不得将公海的任何部分据为己有，不得对公海本身行使管辖权。公海自由是海洋法上的习惯国际法原则，早已被各国普遍接受。公海自由不是绝对的，它还受到《联合国海洋法公约》的条件限制。

公海上行驶的中国"雪龙号"科学考察船

1982年《联合国海洋法公约》规定了6项公海自由，对于有海岸国和无海岸国均包括航行自由、捕鱼自由、铺设海底电缆和管道的自由、公海上飞行自由，以及建造国际法所容许的人工岛屿与其他设施的自由和科学研究的自由。

公海保护区

按海域属性，海洋保护区可分为近岸海洋保护地和公海保护区。为保护和有效管理海洋资源、环境、生物多样性或历史遗迹等，全球已建立地中海派拉格斯海洋保护区、南奥克尼群岛南大陆架海洋保护区、大西洋公海海洋保护区网络、罗斯海地区海洋保护区等公海保护区。公海保护区是在区域内对所有海洋资源提供特殊保护的区域，公海保护区的建立能够对区域内的生物物种和生态环境的恢复起到积极的作用。

罗斯海地区海洋保护区设立于2016年，是全球最大的海洋保护区，约157万平方千米的辽阔海域将禁止捕鱼35年。

海洋生命演化

　　地球上的生命起源于海洋。距今约 35 亿年前，细菌和古菌等原核生物在太古宙的海洋中出现，它们被认为是现代生物的"最后共同祖先"。距今 18 亿～14 亿年前，拥有细胞器的真核生物出现。距今约 12 亿年前，生物有了性别的划分，演化的速度也变快了，从此海洋逐渐变得热闹起来。距今约 5 亿年前，海洋里已长满了多种海藻，有骨骼的无脊椎动物占据着海洋大部分的生存空间，最早的鱼类也诞生了。距今约 4 亿年前，随着陆地上开始出现第一批植物，海洋生物来到陆地，陆生生物才正式登上了地球历史的舞台。

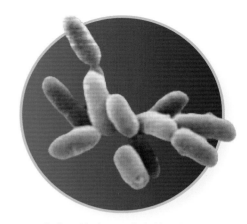

古菌是地球上最古老的单细胞生物之一，如今它们依然无处不在，从海洋到陆地，甚至人类的体内都有它们的身影。

水母

珊瑚

狄更逊水母

藻类

元 古 宙

奇虾

谜虫

海绵

盾皮鱼类

提塔利克鱼准备借助树干爬出水面

鹦鹉螺类　微纲虫　三叶虫

有颌鱼类

瓦普塔虾

菊石

古 生 代 I

古元古代　　中元古代　　　　新元古代　　　　寒武纪　　　　奥陶纪　　　　　志留纪　　　　泥盆纪

最早的珊瑚

原核生物

多细胞生物

最早的海绵

狄更逊水母

最早的甲壳动物

三叶虫

奇虾

三叶虫被认为是现代节肢动物的祖先之一，在二叠纪灭绝。

甲胄鱼

头足类动物

菊石被认为是现代头足动物的祖先之一

有颌鱼类

提塔利克鱼被认为是现代陆栖脊椎动物的祖先之一

菊石

软骨鱼类

元古宙

元古宙期间，地球表面基本被海洋覆盖。这一时期海洋中出现了红藻、蓝菌等多细胞生物。到了距今约6亿年前，海洋中陆续出现更为复杂的多细胞生物，它们中的一些是如今海绵、水母和珊瑚等无脊椎动物的祖先。最早的动物化石出现于新元古代末期的震旦纪。

古生代

古生代期间，海洋生物多样性相比之前有了明显的提升。寒武纪生命大爆发产生了大多数现代生物的祖先，如三叶虫、丰娇昆明鱼等。奥陶纪后，有颌鱼类出现，这是"从鱼到人"的脊椎动物演化史上最关键的跃升之一，脊椎动物从此在食物链上占据了更加重要的位置。泥盆纪后，鱼类开始大量繁殖，软骨鱼出现，泥盆纪晚期还出现了用鳍爬行的提塔利克鱼。

中生代

约2.5亿年前，地球上发生了严重的灭绝事件，约有90%的物种消失，史称"二叠纪—三叠纪灭绝事件"。灭绝过后，地球来到了"恐龙时代"，蛇颈龙、鱼龙、达克龙等海洋爬行动物统治着海洋，以双壳动物和头足动物为食的海洋生物开始增多。到了白垩纪晚期，鳐鱼和现代鲨鱼已经基本成型，海洋中还出现了最早的硅藻。

龙王鲸需要把头
伸出水面呼吸

新生代

随着中生代的结束，恐龙等爬行动物都灭绝了，哺乳动物突飞猛进地演化成了地球的"主宰"，地球从此进入了新生代。此时，海洋中的哺乳动物也开始繁盛起来，罗德侯鲸、龙王鲸、鲛齿鲸等现代鲸类的祖先诞生。

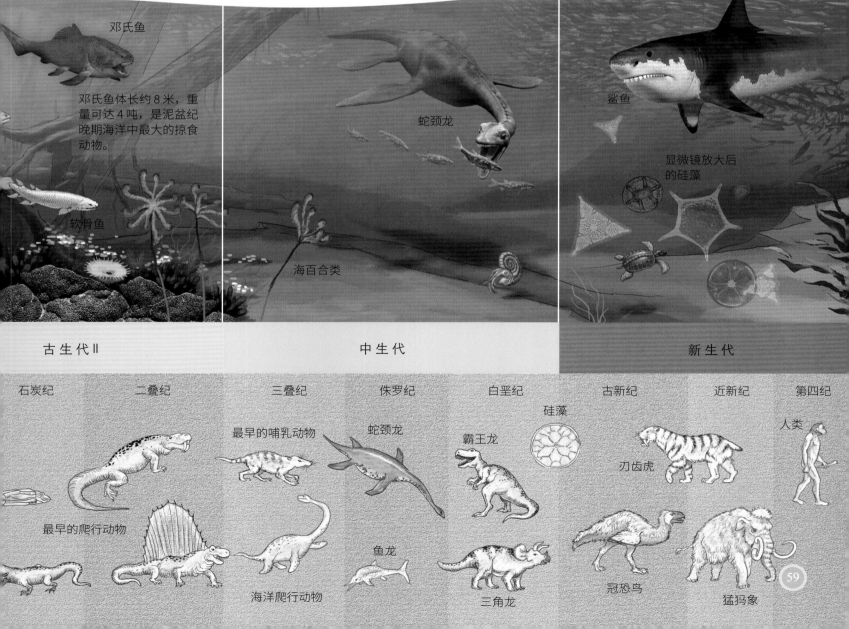

邓氏鱼

邓氏鱼体长约8米，重量可达4吨，是泥盆纪晚期海洋中最大的掠食动物。

软骨鱼

蛇颈龙

海百合类

鲨鱼

显微镜放大后的硅藻

古生代Ⅱ

中生代

新生代

石炭纪　二叠纪　三叠纪　侏罗纪　白垩纪　古新纪　近新纪　第四纪

硅藻

最早的哺乳动物

蛇颈龙

霸王龙

人类

刃齿虎

最早的爬行动物

鱼龙

海洋爬行动物

三角龙

冠恐鸟

猛犸象

微观海洋

受运动能力的限制，海洋中的微小生物常随着水流迁移，是海洋中的"漂泊者"和"流浪者"，也是海洋中最早的居民之一。因为体形太过微小，它们中的大部分成员并不为人所知。然而，这些海洋微生物不仅呈现出惊人的生物多样性，还是所有海洋生态系统运转的核心，并且对人类社会的发展产生着深远的影响。

硅藻

硅藻大部分分布于开阔的远洋水域，也有的分布于海底沙砾上和近岸水域。硅藻在海洋中尤为重要，海洋中初级生产力总量的约 45% 由硅藻提供。一些区域藻华爆发时，当地水体由硅藻产生的有机物超过 90%，所以硅藻是一种重要的环境监测指示物种，常被用于水质研究。硅藻的细胞壳积累形成的海底沉积物称为硅藻土，可用于泳池过滤系统中，也能作为牙膏摩擦剂的制造原料。

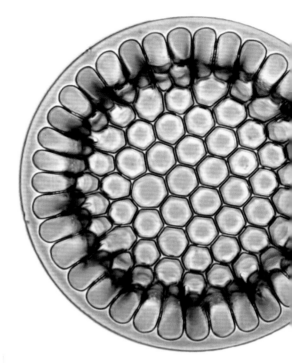

中心硅藻直径约 0.1 毫米

中心硅藻的外形
呈辐射对称

羽纹硅藻的外形
呈左右对称

硅藻细胞的外壳称为硅藻
壳，主要由硅元素组成。

扇形藻的个体大小
不超过 0.25 毫米

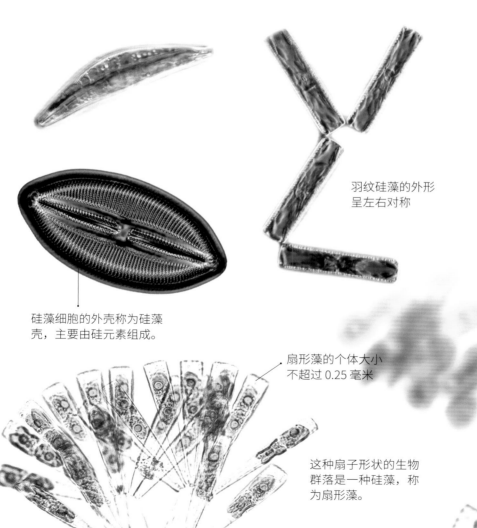

这种扇子形状的生物
群落是一种硅藻，称
为扇形藻。

甲藻

　　甲藻最早诞生于三叠纪中期，是一类原始的海洋生物，分布于相对平静、分层良好的水体中。甲藻最为人们熟知的特征，就是它们中的一些物种可以发光。地球上有超过18种甲藻体内有荧光酶，可以发出蓝绿色的生物光。夏季的夜晚，如果我们在温带水域游泳，偶尔会看到身体的游动引起的海水发光现象。一些甲藻会产生毒素，误食这些甲藻会影响海洋哺乳动物和人类的健康。

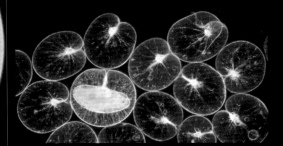

甲藻中的发光藻

角藻

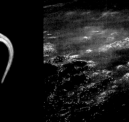

在中国辽东半岛南端，沿海水体偶尔会因富含甲藻而发光。

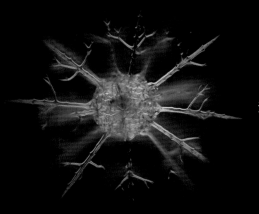

泡沫虫

放射虫

　　放射虫为海生漂浮的单细胞动物，有放射排列的线状伪足，整体形态如球形对称，带有硅质外壳，壳上有美丽的花纹。放射虫种类多，数量大，根据壳体结构和对称性，可分为泡沫虫亚目、罩笼虫亚目和阿尔拜虫亚目。放射虫多分布于热带海洋中，死亡后沉积海底所形成的软泥占现代海底面积的 2% ～ 3%。

像硅藻一样，放射虫的壳通常由硅酸盐组成。

放射虫直径 0.1 ～ 0.5 毫米

蓝细菌

　　蓝细菌是开阔大洋低营养盐环境中分布最广泛的微生物之一，有些物种能够生活在 60℃～ 85℃的热泉中。蓝细菌在地球上存在了 35 亿年，是最古老的、能够通过光合作用产生氧气的生物。在漫长的生物演化过程中，蓝细菌仍然是制造氧气的主力军，为地球上的其他生物提供了赖以生存的有氧环境。

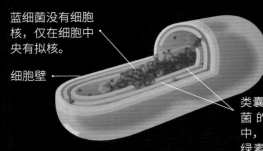

蓝细菌没有细胞核，仅在细胞中央有拟核。

细胞壁

类囊体在蓝细菌的细胞质中，上面有叶绿素、藻蓝素等光合色素。

蓝细菌细胞结构示意图

海藻

生活在海洋中的藻类有 14000 多种，包括红藻、褐藻、绿藻等大型藻类，以及颗石藻、隐藻、金藻等微型藻类。海藻是地球上最古老的生命之一，在生物起源和演化方面具有非常重要的地位。它们的体形大小不一，单细胞海藻仅长 1 微米，巨藻则长达几十米至上百米。根据海藻的生活习性，科学家将其分为浮游海藻、漂浮海藻和底栖海藻。浮游海藻是海洋食物链中非常重要的环节，所有高等海洋生物的生存都很大程度地依赖于海藻。

营养叶的叶柄基部有直径 2～3 厘米的纺锤形气囊，它们使巨藻能在水中保持直立。

巨藻的营养叶长 3～5 米，宽 10～25 厘米，表面常有凹凸不平的皱褶。

巨藻

巨藻主要分布于北美洲、南美洲太平洋沿岸，中国曾从墨西哥引进在青岛海域栽培。巨藻生长茂盛的地方，巨大的叶片层层叠叠地可铺满几百平方千米的海面，使海面呈现一片褐色，因此又称"大浮藻"。成片的巨藻宛如水下森林，是鱼类等海洋生物的重要栖息地。巨藻是已知体形最大的藻类，平均长 70～80 米，最长可达 300 米，重 200 千克以上。巨藻是生长速度最快的生物之一，在适宜的条件下，它用 1 天的时间就可生长 30～60 厘米，1 年可长至 50 多米长，寿命可达 12 年。

巨藻的气囊使藻体的上部漂浮于水面

巨藻的结构包括固着器、叶柄和叶片。固着器像植物的根一样，使巨藻能固定在海底礁石上。

颗石藻

颗石藻是自养浮游生物，几乎全部为海生，细胞呈球形、卵形或呈伸长的梨形、纺锤形等。颗石藻的细胞壁中嵌有许多碳酸钙颗粒，这些碳酸钙颗粒又称颗石。颗石藻死亡后，颗石球解体为许多颗石，并可以形成化石而保存下来，是形成大洋底钙质软泥的主要成分。

颗石藻

颗石能够反射光线，从而能够被卫星监测，这个特征极大地增进了我们对于颗石藻的藻华现象的了解。

 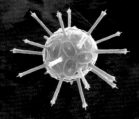 

不同种类的颗石藻

裸躄鱼体表凹凸不平，其形态与马尾藻相近，善于伪装。

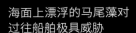

马尾藻

马尾藻广泛分布于暖水和温水海域，在西太平洋及澳大利亚地区尤为常见。马尾藻能生长在低潮带石沼中或潮下带2～3米水深处的岩石上，也能在开阔的水域中漂浮生活。在美国东部海区，有一片区域漂浮着大量以马尾藻为主的浮游生物，因此得名"马尾藻海"。这些马尾藻能直接从海水中摄取养分，并通过分裂成片的方式蔓延生长。船舶经过时，很容易被成片的马尾藻缠住，被迫困于海上。马尾藻海水质清澈，海水中栖息着以马尾藻为食的裸躄鱼。

海面上漂浮的马尾藻对过往船舶极具威胁

海藻的光合作用

海藻形态各异，其个体有单细胞、群体和多细胞。海藻没有真正的根、茎、叶分化，除固着器外，表皮细胞都能进行光合作用，释放氧气，相当于高等植物叶的功能。海藻细胞含有各种色素，不同的色素组成标志着演化的不同方向。海藻的色素主要有叶绿素、胡萝卜素、类胡萝卜素、藻红素、藻蓝素等，各种色素所需的光线波长各异。生活在海面的海藻含叶绿素较多。

海藻利用光能将二氧化碳和水转化为有机物，并释放氧气，是海洋生态系统得以保持平衡的重要因素之一。

石莼附石而生

海滨植物

沿海地区受海水与潮汐的影响，土壤盐分高，海风强，自然环境复杂多变。这里生长着红树、木麻黄等高大乔木，还有一些顽强的草本植物。为了适应沿海环境，有些植物长出气生根，既可以吸收氧气，又可以过滤海水中的盐分；有些植物匍匐生长，以躲避呼啸的海风；还有些植物的种子可以"游泳"，随着水流漂荡到其他地方繁衍。海滨植物是许多动物赖以生存的伙伴，也是人类防风消浪、定沙固堤、美化环境的"帮手"。

海草

在热带和温带海岸附近的浅海中，生长着小小的海草。海草是地球上唯一的一类生活在海洋中的被子植物，长有根、茎、叶和花朵，被生物学家认为是在演化过程中从陆地回到海洋的植物。常见的海草有喜盐草、海龟草、二药藻、大叶藻等。海草常在潮下带海水中形成海草床，其中腐殖质多，浮游生物丰富，为海胆、虾、鱼类、儒艮等动物提供了食物和栖息地。受人类活动的影响，全球海草床大面积退化，世界自然保护联盟认为约1/4的海草种类正濒临灭绝。

喜盐草广泛分布于红海至印度洋、西太平洋沿海，它的叶片如同淡绿色的半透明薄膜，上面有明显的叶脉。

木麻黄

　　木麻黄是木麻黄科木麻黄属乔木，最早出现于澳大利亚与太平洋热带岛屿，中国广东、广西、福建、海南、台湾等地也广泛种植木麻黄。木麻黄树干挺拔，树高可达 40 米，胸径约 70 厘米，枝条细软，花期 4～5 月，果期 7～10 月。木麻黄根系深广，具有生长迅速、耐干旱、抗风沙和耐盐碱的特性，是热带、亚热带海岸防风固沙的优良树木。

木麻黄长有针形叶，果实是很小的坚果。

互花米草

　　互花米草是禾本科米草属草本植物，最早出现于北美洲大西洋沿岸。互花米草能很好地适应盐分较高的沿海环境，它的体内有高度发达的通气组织，可缓解地下根茎被海水淹没时的缺氧状况。互花米草曾被作为生态工程材料引入中国。因为适应性强、繁殖快，互花米草迅速蔓延，侵占了红树林等原生植物的生存空间，并且阻塞航道，造成重大经济损失。

露兜树长有聚花果

互花米草

露兜树长有气生根，这是它得以在海边沙地生存的"法宝"。

厚藤

　　厚藤是旋花科番薯属草本植物，多分布于中国东南沿海的海滨沙滩或路边向阳处。因其叶子前端凹陷、形似马鞍，在中国福建、广东、广西、台湾等地，它又称马鞍藤。厚藤耐盐，可以在贫瘠的沙土中生长，是一种良好的海滩固沙植物，已经被用于南海诸岛的绿化工程中。

厚藤的茎很长，植株匍匐在地面上，有时甚至能铺满海滩。

刺胞动物

　　刺胞动物是一类独特的水生无脊椎动物，广泛分布于全球各大海域，淡水中也有分布，包括珊瑚纲、钵水母纲、立方水母纲、水螅纲等，约1.6万种。刺胞动物的身体构造较为简单，均呈辐射或两辐对称状，身体中央有空腔，体壁中有刺细胞。有些刺胞动物能够自由游泳，如钵水母纲和水螅纲的大部分生物；有些则静态生活，如海葵、珊瑚等。刺胞动物是食肉动物，依靠带刺的触手捕捉猎物。共栖和共生行为在刺胞动物中十分普遍，如珊瑚与藻类共生，藻类能利用珊瑚体内的代谢产物生长，而珊瑚可以利用藻类光合作用产生的氧来呼吸。

平衡棒 ————

钟状体 ————

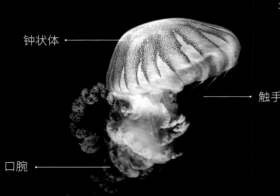

———— 触手

口腔 ————

海刺水母最大直径可达
70 厘米

蓝鲸脂水母又称马赛克水母，最大直径约
35 厘米，与一些藻类有共生关系。

———— 口腔

海洋
名片

澳洲斑点水母

拉丁学名：*Phyllorhiza punctata*

分类：钵水母纲根口水母目硝水母科

分布：大澳大利亚湾、大堡礁等海域

直径：50 ～ 60 厘米

食物：磷虾、藻类等

胃和生殖腺

触手 ————

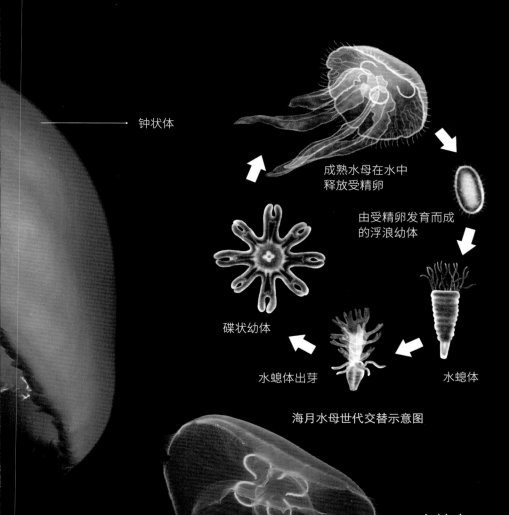

钟状体

成熟水母在水中释放受精卵

由受精卵发育而成的浮浪幼体

碟状幼体

水螅体出芽

水螅体

海月水母世代交替示意图

海月水母

海葵

海葵是特殊的珊瑚纲刺胞动物，包括公主海葵、羽状海葵、细珠海葵等1000多种。海葵广泛分布于全球各大海域，多数栖息在浅海和岩岸的水洼或石缝中，少数生活在大洋深渊，栖息深度可达1万米。海葵无骨骼，富肉质，身体分为口盘、体柱和基盘3部分。大多数海葵捕捉活食的能力很强，有些海葵还会与其他生物共生，如一些海葵附着在寄居蟹的螺壳上，借以迁移捕食并保护共栖者免受敌害的侵袭。

绣球海葵

钵水母

钵水母纲动物统称钵水母，又称真水母，包括海月水母、霞水母、灯水母、海蜇等200多种，绝大多数分布于海洋。钵水母多为雌雄异体，繁殖方式为无性生殖与有性生殖世代交替，发育周期主要包括受精卵、浮浪幼体、横裂体、碟状幼体和水母体。水母体阶段的钵水母，身体呈四辐对称，最大直径可超过2米，体内有发达的肌纤维，钵水母可借此收缩以排出胃腔内的水，从而向上或向侧方游动。

水螅虫

水螅纲动物统称水螅虫，包括筒螅、薮枝螅、僧帽水母、桃花水母、水晶水母、灯塔水母等3500多种，分布极为广泛。大多数水螅虫有世代交替现象，分为水螅体和水母体两个阶段。水螅体时期以出芽的方式进行无性生殖，并常借以形成群体。在水母体时期，体小而透明，伞缘生有触手，由伞缘向内突出的环形薄片称为缘膜，其上面的肌肉活动有助于游泳。大多数水螅虫的水母体是雌雄异体。

水晶水母

灯塔水母

灯塔水母是花水母目棒螅水母科灯塔水母属动物，主要分布于加勒比地区的海域。其特征是性成熟个体的生命周期能从水母型直接重返水螅型，从而"跳过"死亡的过程，因此它又有"永生水母"的俗称。普通的水母在有性生殖之后就会死亡，但是灯塔水母却能够再次回到水螅型，这一过程称为"分化转移"。理论上分化转移没有次数限制，灯塔水母可以通过这一过程获得无限的寿命，从而实现"返老还童"。

钟状体

灯塔水母

公主海葵

体柱

口盘

基盘

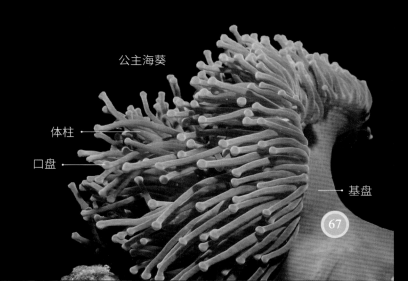

棘皮动物

棘皮动物是一类身体表面有许多棘状突起的海洋动物，广泛分布于全球各大海域，是海洋中重要的底栖动物，包括海星纲、海胆纲、蛇尾纲、海参纲和海百合纲，约 7000 种，中国沿海有约 500 种。棘皮动物的形状多样，外观差别很大，有星状、球状、圆筒状和花状等。棘皮动物对水质污染很敏感，很少出现在被污染的海水中。最早的棘皮动物诞生于寒武纪之前，已记录的化石约 1.3 万种。

蓝指海星主要分布于印度洋和太平洋海域

海星

海星纲动物统称海星，包括面包海星、蓝指海星等约 1900 种，广泛分布于全球各大海域。它们身体扁平，呈五角形或星形，它们无头和胸，只有口面与反口面之分；腕与体盘分界不明显，口在腹面，肛门和筛板在反口面。海星的主要捕食对象是一些行动较迟缓的海洋动物，如贝类、海胆和海葵等。海星有很强的繁殖能力，一些物种的寿命可达 35 年。海星的绝招是"分身有术"，若把海星撕成几块抛入海中，每一碎块会很快重新长出失去的部分，从而长成几个完整的新海星。

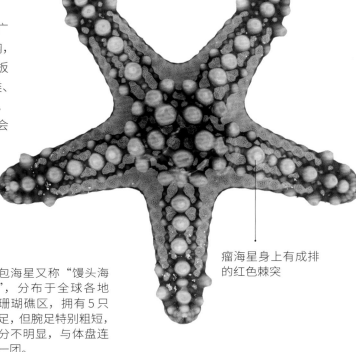

瘤海星身上有成排的红色棘突

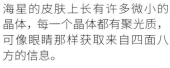

面包海星又称"馒头海星"，分布于全球各地的珊瑚礁区，拥有 5 只腕足，但腕足特别粗短，区分不明显，与体盘连成一团。

海星的皮肤上长有许多微小的晶体，每一个晶体都有聚光质，可像眼睛那样获取来自四面八方的信息。

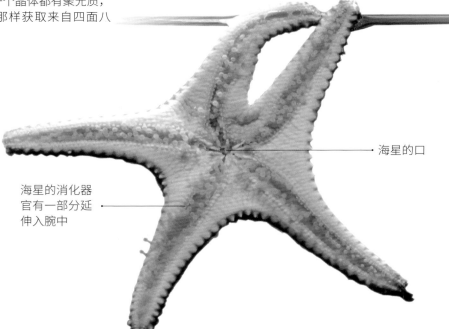

海星的消化器官有一部分延伸入腕中

海星的口

海星会利用管足的移动和管足上吸盘的吸力，在海底爬行和捕捉猎物。

海胆

　　海胆纲动物统称海胆，包括石笔海胆、刺冠海胆、马粪海胆等约800种，分布于海洋浅水区，大多栖息于海底，喜欢生活在海藻丰富的海区礁林间或石缝中，具有避光和昼伏夜出的特性。海胆身体呈半球形、心形或饼形。海胆壳上有棘，就像一个个带刺的仙人球。海胆的运动是靠透明、细小、数目繁多、带有黏性的管足及棘刺来进行的。海胆的食谱很广，肉食性海胆以海底的蠕虫、软体动物或其他棘皮动物为食，草食性海胆主要以藻类为食。另外，有些海胆以有机物碎屑、动物尸体为食。

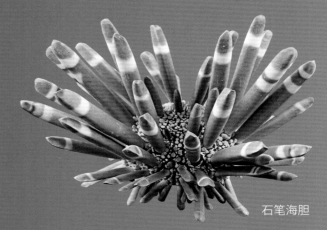

石笔海胆

马粪海胆是中国和日本海域的特有物种，常在夜间觅食，主要以各种藻类为食。

喇叭毒棘海胆的喇叭状叉棘有剧毒，人类碰触后可能会中毒死亡。

刺蛇尾有长长的，灵活的，带有棘刺的腕，有些腕可以捕捉食物颗粒。

蛇尾

　　蛇尾纲动物统称蛇尾，又称海蛇尾，包括柴蛇尾、板蛇尾等约2000种，分布于全球各大海域，从潮间带到6000多米的深海都有分布，以沙质、岩质的海床和珊瑚礁环境最为常见，喜欢群居。蛇尾的身体结构与海星相似，但体盘相对较大，盘与腕之间有明显交界。蛇尾的腕特别细长，甚至比盘的直径长数倍至十数倍。

海百合最早出现于寒武纪，是一种古老的棘皮动物。

贝和螺

　　贝和螺同属于软体动物，它们中的大部分分布于海洋。贝类动物拥有2个贝壳，又称双壳纲动物，包括贻贝目、珍珠贝目、帘蛤目、胡桃蛤目等。贝类有鳃1～2对，呈瓣状，又称瓣鳃纲，其瓣鳃的主要功能是收集食物及进行气体交换，贝类动物头部不明显或退化，也称无头纲。螺类动物属于腹足纲，包括中腹足目、新腹足目、古腹足目等。螺类动物是软体动物中最大的一个家族，其种类占软体动物种类总数的一半以上。螺类动物大多具有一个锥形、纺锤形或扁椭圆形的外壳，壳上有呈螺旋形扭转的花纹。

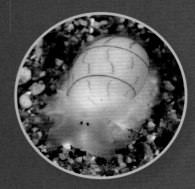

线红纹螺分布于印度洋和太平洋海域，常栖息在温暖的潮间带水域。

芋螺

　　新腹足目芋螺科动物统称芋螺，又称鸡心螺，包括织锦芋螺、线纹芋螺、黑芋螺等130多种，分布于热带和亚热带海域的岩石、珊瑚礁、沙和泥质海底中。芋螺的长管状喙里长有可怕的毒刺。当猎物靠近时，毒刺像鱼叉一样在0.25秒内射出，刺入猎物后，毒液不到1秒钟就将猎物麻醉。芋螺虽然体形不大，但一旦刺中了人，可能使人中毒死亡。

织锦芋螺分布于印度洋和西太平洋海域，常栖息在潮间带的岩礁下，有较强的毒性。

骨螺

　　新腹足目骨螺科动物统称骨螺，包括骨螺、红螺、黄斑核果螺等，多数分布于浅海泥沙、岩石或珊瑚礁间。骨螺的贝壳造型奇特，花纹丰富多彩，千姿百态。骨螺是肉食性动物，常用足部的钻孔器在猎物贝壳上钻一个圆形小孔，然后把自己的吻突从这个小孔插入猎物体内。荔枝螺捕食牡蛎，红螺捕食蛤等都是采用这种方法。

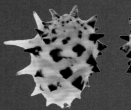

黄斑核果螺分布于印度洋和太平洋海域的珊瑚礁上，螺壳小而坚厚。

法螺

　　法螺是新腹足目嵌线螺科动物，广泛分布于印度洋和太平洋的暖水区，在中国分布于南海地区的潮间带和珊瑚礁上。法螺的壳大而坚硬，呈纺锤形，螺旋部较高，壳高可达35厘米。法螺是肉食性动物，以足紧裹被捕动物，然后以吻分泌酸性液体，穿透猎物外壳，以食其肉。它们以此方法捕食海星、海胆等动物。

法螺表面覆以绒毛状的壳皮，透过壳皮可见白色和褐色花纹。

帘蛤

帘蛤目动物统称帘蛤，包括文蛤、砗磲等常见的海洋生物，广泛分布于全球各大海域，在双壳类软体动物种群数量中占比最大。大多数种类的帘蛤有虹吸管，一些种类行动敏捷，还会跳跃。

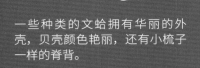

一些种类的文蛤拥有华丽的外壳，贝壳颜色艳丽，还有小梳子一样的脊背。

扇贝

珍珠贝目扇贝科动物统称扇贝，包括海湾扇贝、栉孔扇贝、虾夷扇贝等50多种，分布于全球各大海域。扇贝因外壳很像扇面而得名，其外壳可呈紫褐色、浅褐色、黄褐色、红褐色、杏黄色、灰白色等，扇贝能用贝壳迅速开合排水，游泳速度很快。

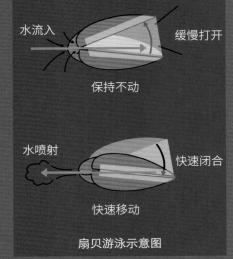

水流入　　缓慢打开

保持不动

水喷射　　快速闭合

快速移动

扇贝游泳示意图

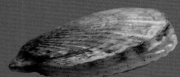

虾夷扇贝在中国北方
海域十分常见

砗磲是地球上最大的双壳类动物，常与数十亿的单细胞藻类（如虫黄藻）共生。它们多分布于阳光充足的珊瑚礁水域，以便于其身上的共生藻进行光合作用。受到人类过度捕捞的影响，砗磲现已成为濒危物种。

珍珠的形成

鲍鱼、蚌、贻贝、砗磲等很多种贝类，都能产生珍珠。在贝类进食的过程中，沙粒、寄生虫等异物偶尔掉进壳内，贝类的外套膜受到刺激，就会分泌出珍珠质，把掉进去的异物层层裹住，使异物变得越来越圆滑，逐渐形成珍珠囊。养殖珍珠就是根据这种贝类的这一特性，运用插核技术将圆形珠植入蚌内，使其慢慢形成珍珠。

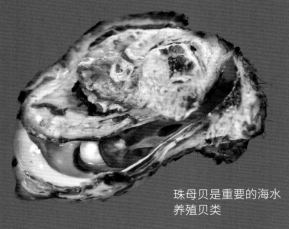

珠母贝是重要的海水
养殖贝类

头足动物

头足动物是仅在海洋中分布的肉食性软体动物，包含鹦鹉螺目、十腕总目、八腕总目等，现有 780 多种。头足动物的身体左右对称，头部发达，两侧有发达的眼睛，足的一部分变为腕位于头部周围。头足动物起源于寒武纪晚期，那时有坚硬外壳保护的它们还一度处于食物链顶端；到了白垩纪时期，拥有外壳的种类逐渐消失。如今，章鱼、乌贼和鱿鱼等头足动物分布于全球各大海域，从表层到 6000 米以下深海都能见其踪迹，在盐度较低的水域较罕见。

鹦鹉螺是章鱼、乌贼和鱿鱼的近亲，也是现存唯一具有完整外壳的头足类动物。

章鱼

八腕总目蛸科动物统称章鱼，包括真蛸、大西洋章鱼、大蓝环章鱼等，分布于珊瑚礁、远洋带、海床等各种海域，有些也分布于潮间带或深海带。章鱼头上有一对复眼，头部与躯体分界不明显，8 条从头部伸出的腕足长满了吸盘。章鱼利用灵活的腕足在礁岩、石缝及海床间爬行，腕足还有防御和捕食能力。章鱼的头部除了嘴以外，还有大脑和呼吸系统等。

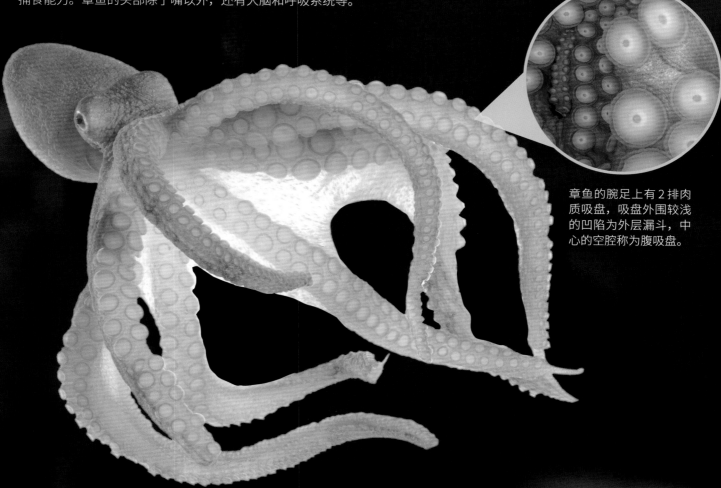

章鱼的腕足上有 2 排肉质吸盘，吸盘外围较浅的凹陷为外层漏斗，中心的空腔称为腹吸盘。

乌贼

乌贼目乌贼科动物统称乌贼，又称墨鱼、墨斗，包括普通乌贼、澳大利亚巨型乌贼、金乌贼、火焰乌贼等。乌贼头部两侧的眼径甚大，头前和口周有 10 条腕足，其中 2 条常被隐藏在体内。乌贼常活动于浅海的中下层，捕食虾蛄、扇蟹、鹰爪虾、毛虾和幼鱼等。

乌贼的腕足上有 4 排吸盘

火焰乌贼

乌贼体内有一个钙化的壳帮助身体漂浮，这个壳又称海螵蛸。

鱿鱼

枪形目动物统称鱿鱼，包括大王酸浆鱿、太平洋褶柔鱼等约 300 种，体形小巧的锁管、20 多米长的大王乌贼等都属于鱿鱼家族。鱿鱼分布于全球各大海域，具有集群好斗的习性，以鱼类、贝类等动物为食，是各种海豚、鲸、海豹、海鸟的猎食对象。鱿鱼拥有头足动物中最快的游泳速度。

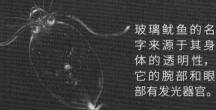

玻璃鱿鱼的名字来源于其身体的透明性，它的腕部和眼部有发光器官。

多数鱿鱼拥有 2 条长长的触须，可以灵活收缩，触须末端长有吸盘。

喷墨与拟态

章鱼、墨鱼和鱿鱼等头足动物有着柔软的身体，因而演化出了各种防御手段保护自己。它们大多长有墨囊，可以在遇到危险时喷出墨汁当"烟雾弹"，趁机逃走。一些头足动物可以在很快的时间内控制皮肤表面的色素细胞扩张与收缩，改变体色，与周围环境融为一体，形成完美的伪装，以躲避捕食者或不让猎物发现。

章鱼喷墨

乌贼体表有色素斑点

聪明的章鱼

章鱼是一种聪明而奇特的动物，其大脑中有 5 亿个神经元，身上还有一些非常敏感的化学的和触觉的感受器。章鱼的大脑很发达，大脑位于一个软骨腔内，其中仅包含了其复杂神经系统的一部分，其余的分布在身体各处。章鱼处理和记忆信息的能力通过视觉刺激获得，同时也能通过触觉刺激获得。

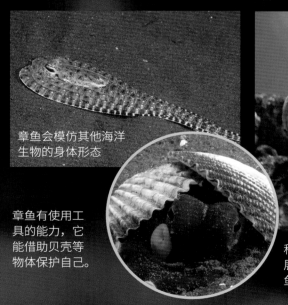

章鱼会模仿其他海洋生物的身体形态

章鱼有使用工具的能力，它能借助贝壳等物体保护自己。

科学家将食物放在有盖的玻璃瓶里，向水族箱内的章鱼展示并打开瓶盖，将玻璃瓶放入水族箱。善于学习的章鱼很快就吃到了玻璃瓶里的食物。

虾和蟹

虾和蟹都属于节肢动物中的甲壳动物，大多数属于软甲纲十足目。它们分布于全球各大海域，在淡水中也有分布。虾和蟹构成了海洋生物的一大部分，支撑着海洋食物链。虾和蟹的身体被一层带有关节的坚硬甲壳包裹着，头胸部有5对足，通常4对用于爬行和游泳，1对大的螯肢用来捕食和御敌。虾和蟹在生长过程中要经过数次蜕壳，蜕壳是它们长大的标志。

复眼

美洲螯龙虾是海螯虾科动物，分布于北美洲海域，是一种体形较大的螯虾，体长20～60厘米。

带关节的甲壳

尾节

龙虾

十足目龙虾科动物统称龙虾，包括锦绣龙虾、波纹龙虾、皇刺龙虾等约60种，主要分布于全球热带海域。龙虾的甲壳坚厚，外表常有棘刺，身体呈粗圆筒状，最大的体重可达4～5千克，长30厘米以上。龙虾主要以海螺、贝壳、海胆等为食，白昼潜伏于岩缝间或石下，夜间觅食活动较多，行动缓慢。

触角是螯虾的感觉器官

破坏者螯虾是拟螯虾科动物，分布于澳大利亚附近海域。

龙虾没有螯肢，5对步足的末节均呈爪状。

龙虾的头胸部前缘中央有1对强大的眼上棘

龙虾的尾肢宽而短，与尾节构成发达的尾扇。

皇刺龙虾

螯虾有3对钳状的螯肢

对虾

十足目对虾科对虾属动物统称对虾，包括白对虾、斑节对虾、中国对虾等30多种，分布于大西洋、太平洋、印度洋和地中海沿岸。每年春夏之季，原先分散栖息于黄海海域的中国对虾，会从四面八方游向渤海海域，产卵繁殖。幼虾在严冬来临之前，又纷纷集中沿原路洄游，进入黄海，回到南部水温较高的海域。

对虾一般体长12～13厘米，重30～80克。

螯虾

十足目海螯虾科、蝲蛄科、拟螯虾科等动物统称螯虾，它们与龙虾、螃蟹等其他十足目动物有明显的区别。螯虾的前3对步足为钳状的螯肢，后2对步足呈爪状。在螯虾的生长过程中，甲壳常阻碍螯虾内部器官的增长。因此每隔一段时间，螯虾就要换一个更大一些的外壳。

寄居蟹

寄居蟹是一类特殊的十足目动物，因寄居于螺壳内生活而得名。大部分寄居蟹分布于深海或潮间带，也有少数生活在陆地上，如椰子蟹。当身体逐渐长大，寄居蟹能随时更换更大的空螺壳。寄居蟹常与其他动物共生，如艾氏活额寄居蟹的大螯上常着生海葵。有些寄居蟹寄居在海绵动物或刺胞动物体内，不必经常调换"新居"。

寄居蟹的外形介于虾和蟹之间，一般体躯腹部较柔软，可蜷曲于螺壳中。

普通滨蟹繁殖能力强，以多种贝类和软体动物为食，对沿海渔业有很大影响，是著名的入侵物种。

远海梭子蟹

拉丁学名：*Portunus pelagicus*

分类：十足目梭子蟹科梭子蟹属

分布：印度洋、西太平洋等海域

体重：200 ～ 260 克

食物：虾、泥螺、乌贼等

海洋名片

第 1 对螯肢特别发达

蟹

蟹又称螃蟹，包括梭子蟹、沙蟹、蜘蛛蟹、普通滨蟹、远海梭子蟹等。大多数螃蟹分布于海洋中，以热带浅海种类最多，还有些穴居于潮湿的泥洞中，繁殖时迁移下海。螃蟹长有 1 对螯肢，整个躯体由背甲包住，腹部不发达。在捕食或自卫时，螯肢是它们不可缺少的武器。

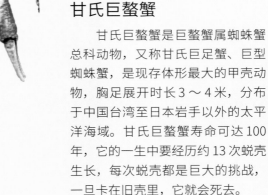

甘氏巨螯蟹

甘氏巨螯蟹是巨螯蟹属蜘蛛蟹总科动物，又称甘氏巨足蟹、巨型蜘蛛蟹，是现存体形最大的甲壳动物，胸足展开时长 3 ～ 4 米，分布于中国台湾至日本岩手以外的太平洋海域。甘氏巨螯蟹寿命可达 100 年，它的一生中要经历约 13 次蜕壳生长，每次蜕壳都是巨大的挑战，一旦卡在旧壳里，它就会死去。

甘氏巨螯蟹常栖息于 500 ～ 1000 米深的海域，多以群体生活。

有柄的复眼

背甲

螯肢

螃蟹背甲两侧有成对的胸足

角眼沙蟹是沙蟹科沙蟹属动物，多分布于印度洋和太平洋热带海域近高潮线的沙滩上。

软骨鱼

　　鱼类是最古老的脊椎动物，几乎分布于地球上所有的水生环境，生活在海洋中的鱼类约1.2万种。按照骨骼的软硬程度，科学家将鱼类分为软骨鱼和硬骨鱼，绝大多数软骨鱼分布于海洋。软骨鱼类最早出现于泥盆纪，由无颌鱼类经盾皮鱼演化而来，包括鲨形总目、鳐形目、鲼形目等。软骨鱼的牙齿为硬骨，其余全部骨骼由软骨组成，其体被盾鳞或无鳞，上颌和下颌均有牙齿，能有效地进行捕食和攻击。软骨鱼没有鱼鳔，但是拥有肥大的肝脏来调节身体比重。

旋齿鲨最早出现于二叠纪，于三叠纪灭绝，是现存鲨鱼的远亲。

小点猫鲨体长约1米，以甲壳类和软体动物为食。

双髻鲨外形奇特，额骨向左右两侧突出，像一个锤子，因此又称锤头鲨。

鲸鲨是现存体形最大的鱼类，平均体长10米，最大可达20米，分布于热带和温带海域。

鲸鲨的嘴巴极宽大，它常以浮游生物、甲壳动物、软体动物等为食，有时也追逐鱼群。

鲨鱼

　　鲨形总目动物统称鲨鱼，包括大白鲨、鲸鲨、双髻鲨等500多种，广泛分布于沿岸浅海、大洋区和深海内。鲨鱼的捕食方式多样，大白鲨和长尾鲨等捕食鱼类、乌贼及海洋哺乳动物，姥鲨、鲸鲨等用滤食的方式捕食浮游生物，六鳃鲨等深海鲨鱼则以食腐为生。鲨鱼是海洋食物链中的高级消费者，由于人类滥捕，鲨鱼的数量日趋减少。若人类继续猎捕鲨鱼，将导致鲨鱼濒临灭绝，最终会使海洋生态系统崩溃。

大白鲨又称噬人鲨，广泛分布于热带和温带海区。大白鲨体长可达12米，性情凶猛。

虹鱼

鲼形目虹科动物统称虹鱼，包括尖吻土虹、赤土虹、齐氏虹、条尾虹等，分布于全球各大洋热带至温带海域，以及非洲、亚洲等淡水水域中。大多数虹鱼身体扁平，略呈圆形或菱形，软骨无鳞，尾呈鞭状，有毒刺。虹鱼以小鱼、甲壳类及软体动物等为食，有藏身在海底沙地的习性。

蓝斑条尾虹的明亮颜色是对捕食者的警告，它尾部的尖刺含有剧毒。

虹鱼靠近眼睛的部位有一个孔口，它以这个孔口吸入海水，再从身体下方的鳃孔排出，以过滤海水。

蓝斑条尾虹

鳐鱼

鳐形目动物统称鳐鱼，包括单鳍鳐、无鳍鳐等，分布于全球各大海域的海底，少数种类在淡水中生活。鳐鱼主要以浮游生物和甲壳动物为食，它们体形差异巨大，大的有几米长，小的只有几厘米长。鳐鱼是卵生动物，它们的卵又称"美人鱼的荷包"，常见于沙滩上。

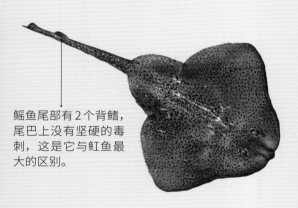

鳐鱼尾部有 2 个背鳍，尾巴上没有坚硬的毒刺，这是它与虹鱼最大的区别。

鳐鱼的卵呈长方形，有革质壳保护。

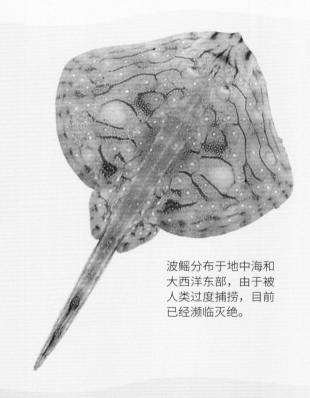

波鳐分布于地中海和大西洋东部，由于被人类过度捕捞，目前已经濒临灭绝。

银鲛

银鲛目银鲛科动物统称银鲛，包括银鲛、长吻银鲛、叶吻银鲛等 30 多种。银鲛体长 20 ～ 200 厘米，头部较大，尾细小而尖。银鲛属于软骨鱼全头亚纲，其上颌与头盖骨相连，这种特性与一般鲨鱼、虹鱼所属的板鳃亚纲动物不同。银鲛是地球上仅存的全头类动物，为生物进化研究中不可或缺的重要鱼类。银鲛是在约 3.5 亿年前从鲛的祖先分出来的软骨鱼类，虽然骨骼与其他软骨鱼类同样是软骨，但银鲛有鳃孔左右一对，并有鳃盖，肛门与生殖口分开，具有硬骨鱼类的特征，有深海活化石之称。

银鲛栖息深度为 370 ～ 2600 米，捕食海胆、贝类和甲壳类等无脊椎动物，有时以小鱼为食。

硬骨鱼

硬骨鱼是现生脊椎动物中最大的一个类群，也是目前鱼类中数量最多、物种最多的类别，海洋中的大部分鱼类都属于硬骨鱼。硬骨鱼在地球上的适应力极强，脑部发达，经过几亿年的持续演化后依然在地球的各处繁衍。硬骨鱼的主要特征：骨骼不同程度硬化为硬骨；身体被鳞片覆盖；身体每侧有一个外鳃孔，有骨质鳃盖保护，鳃间隔退化；一般都有鱼鳔；大多数为卵生，体外受精，少量为卵胎生。海洋中硬骨鱼的寿命相差较大，斯托特辛氏鱼的寿命不到1年，而某些有洄游习性的鲟鱼可活到100岁。

皇带鱼又称"龙宫使者"，通常分布于深海。皇带鱼体重可超过200千克，身体细长，呈带状。皇带鱼的嘴巴突出，没有可见的牙齿。

辐鳍鱼

辐鳍鱼是硬骨鱼的一大演化支，是现代脊椎动物中最为繁盛的类群，总数几乎占现存约2.5万种现代鱼类的90%以上，栖息地遍及淡水与海水生境。辐鳍鱼的鱼鳍是由辐射状的骨质或角质鳍条支撑的皮膜。辐鳍鱼不同种类之间的体形差异巨大，如海洋中的辐鳍鱼里，既有约7毫米长的斯托特辛氏鱼，又有超过10米长的皇带鱼和2.3吨重的翻车鱼等，还有刺鲀、海马、巨口鱼、花园鳗、蓑鲉等长相奇特的种类。

波纹唇鱼分布于中国台湾沿海和南海诸岛海域

三脚架鱼有结构奇特的鳍刺，可以用来支撑身体。

花园鳗性情羞怯，常躲藏在海底沙地里。

鲯鳅又称"鬼头刀"，
体长可超过 2 米。

肉鳍鱼

　　肉鳍鱼是硬骨鱼类的另一演化支，这类鱼的特点是鱼鳍中有一个中轴骨，在前鳍的基部有明显的肌肉组织与分开的两片腹鳍。肉鳍鱼最早出现在距今约 4 亿年前，大部分于晚白垩纪灭绝，其中的腔棘鱼曾被认为完全灭绝，直到 1938 年以后才被证实仍然生活在印度洋海域。现存的体形最大的肉鳍鱼为西印度洋腔棘鱼，体长可达 2 米，体重可达 110 千克。

遗传学表明，包括人类在内的陆生脊椎动物都来源于肉鳍鱼这一演化支，腔棘鱼和我们拥有"共同的祖先"。

鮟鱇鱼头顶的发光器由它们的背鳍演化而来

中华鲟是中国特有物种

鮟鱇鱼

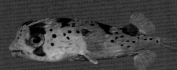
六斑刺鲀遇到危险
会膨胀身体、竖起
尖刺自卫

触角蓑鲉的胸鳍和
背鳍都有毒刺

冠海马的尾鳍完全
退化，雄冠海马负
责孵化后代。

斯托特辛氏鱼
是已知的地球
上最小的海水
鱼之一，最大
长度不超过 1
厘米。

海洋爬行动物

在中生代，许多爬行动物适应了海洋中的生活，出现了相似的演化支，如鱼龙类、蛇颈龙类、沧龙类、海龙类、海鳄类、海龟等。在白垩纪末的大规模灭绝事件后，海洋爬行动物数量减少。现存的海洋爬行动物只有海龟、海蛇、海鬣蜥以及湾鳄。海洋爬行动物大多长有特殊的盐腺，可以排出体内过多的盐分。

沧龙以鱼类和菊石为食，是中生代海洋中的顶级掠食者之一。

海龟

龟鳖目海龟科动物统称海龟，包括绿海龟、玳瑁、棱皮龟等，分布于全球除极地以外的海域，常到海滨陆地筑巢。海龟长有背甲或外壳，四肢呈桨状无爪。海龟以鱼类、头足动物、甲壳动物、海藻和水草等为食，在吃水草的同时会吞下海水，摄取盐分。龟壳是海龟身上最珍贵的部分，可以保护海龟免遭天敌侵犯。受到海洋捕捞和海洋污染的影响，海龟的数量急剧减少。目前，地球上所有的海龟都被列为濒危动物。

棱皮龟是地球上最大的龟鳖目动物，体重可达1吨。棱皮龟的四肢、头及身体均有革质皮肤，背部有7行纵棱。由于无法区分水母与海水中的塑料垃圾，棱皮龟会因误食塑料而死亡，这是棱皮龟濒临灭绝的原因之一。

玳瑁共有13块背甲，呈覆瓦状排列。

玳瑁又称十三鳞、文甲，它们的甲壳上有美丽的花纹。由于人类对玳瑁甲壳的过度需求，玳瑁的数量持续减少，已有灭绝的危险，很多国家已禁止猎捕玳瑁。

玳瑁头顶有两对前额鳞，吻部侧扁，上颚前端钩曲呈鹰嘴状。

海龟的繁殖

　　4～10月为海龟的繁殖季节，交配后的雌龟会在晚间爬上沙滩掘坑产卵。大部分海龟每年产卵20多次，每次产卵约100枚。幼龟出壳后就会回到海中生活。海龟有识别出生地的能力，它们常年遨游于海洋中，到了繁殖季节，即使远在千里之外，也要回到出生地产卵。随着人类城市的不断扩张，海滩上的人工建筑越来越多，必须回到出生地产卵的海龟会因为无法找到故地而终生不育，海龟的种群数量也因此受到严重威胁。

海龟妈妈会在深夜爬上沙滩，寻找合适的产卵地。

海龟妈妈用四肢挖出深50厘米左右的"卵坑"

龟卵孵化期为30～90天，出壳的幼海龟会立即爬回海水中生活。

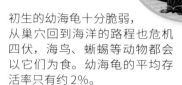

初生的幼海龟十分脆弱，从巢穴回到海洋的路程也危机四伏，海鸟、蜥蜴等动物都会以它们为食。幼海龟的平均存活率只有约2%。

湾鳄

　　湾鳄是鳄目鳄科鳄属动物，又称河口鳄、咸水鳄，是现存爬行动物中体形最大的一种，也是为数不多经常远游出海的鳄类。湾鳄主要分布于泰国、马来西亚等地的热带海区。湾鳄位于滨海湿地食物链的顶端，捕食泥蟹、龟、巨蜥及水鸟或体形较大的动物，幼鳄主要以昆虫、甲壳动物、两栖动物、鱼类或个头较小的爬行动物为食。

成年雄湾鳄体长5～6米，最长纪录10米，它的咬合力可达1900千克以上，是现存咬合力最强的动物。

海蛇

　　蛇目海蛇科动物统称海蛇，包括长吻海蛇、灰蓝扁尾海蛇等所有终生生活于海水中的蛇。海蛇大部分分布于印度洋和太平洋的热带及亚热带海域，喜欢在大陆架和海岛周围的浅水中栖息。它们以鳗鲡目鱼类为食，有的喜欢待在沙底或泥底的混水中，有的喜欢在珊瑚礁周围的清水里活动。海蛇的毒液属于最强的动物毒液之一，它们猎食时一般不会使用毒液，只有受到威胁时才会用毒液自卫。

海蛇尾部扁平，这是它们与陆生蛇的差异之一。

　　灰蓝扁尾海蛇俗名灰海蛇，主要分布于印度洋至太平洋一带的海域，喜欢躲在岩缝或珊瑚礁间休息。

灰蓝扁尾海蛇头大，头颈部区分不明显，身体呈圆柱形。

长吻海蛇是地球上分布范围最广泛的海蛇，也是唯一能终生栖息于海洋中，并于海洋中繁殖的蛇类。

企鹅

企鹅目企鹅科动物统称企鹅，包括帝企鹅、王企鹅等18种，分布于赤道以南的地区，大多数生活在南极地区。洪堡企鹅、麦哲伦企鹅与黑脚企鹅分布于纬度较低的温带地区，加拉帕戈斯企鹅则生活在更接近赤道的地区。企鹅的身体构造使它们适于在水中游泳，不适于在空中飞行。企鹅的胸骨有龙骨突，可以附着发达的胸肌。它们的骨骼非常紧密，骨缝中没有气体，这些特征都使企鹅能更容易地潜入水下。

企鹅的羽毛密度是同体形鸟类的3～4倍，且有厚厚的皮下脂肪，是鸟类中的"耐寒冠军"。

企鹅的繁殖

大多数企鹅每年繁殖1次。阿德利企鹅以碎石筑巢，每次产卵2枚，雌企鹅产卵后就会入海觅食，由雄企鹅孵卵，2周之后轮换，然后每隔4～7天轮换，孵化期42天。幼企鹅出生后，仍然依靠双亲反吐哺育。帝企鹅和王企鹅的孵化期60多天，孵卵任务由雄企鹅承担。

企鹅的食物

大多数企鹅都以鱼虾类和软体动物为食。帝企鹅最喜欢吃南极磷虾和乌贼等动物。大多数种类的企鹅常会成群结队出去觅食，共同寻找鱼群，合围捕食后再一起返回。企鹅父母会把食物吞进肚子，回来后再吐出半消化的食物喂给幼企鹅。

1～3月
摄取食物

4月
行进约100千米返回栖息地

企鹅妈妈远足摄食

12月
父母离开幼企鹅

幼企鹅长出羽毛

5月
择偶与交配

企鹅爸爸远足摄食

9～10月
企鹅育雏

6～7月
企鹅爸爸孵卵

8月
幼企鹅出壳

10～11月
幼企鹅挤成一团以保持体温

企鹅繁殖示意图

南极的企鹅

　　大多数企鹅生活在南极地带，完全生活在极地的有帝企鹅和阿德利企鹅，其他生活在南极附近的有王企鹅、巴布亚企鹅、帽带企鹅、翘眉企鹅、马克罗尼企鹅、南跳岩企鹅等。它们的样子各不相同，帝企鹅身高 1 米以上，是最高大的企鹅；王企鹅比帝企鹅小巧一些，头部两侧和后部分别有一圈黄毛；翘眉企鹅和马克罗尼企鹅的头顶有竖立着的毛，样子十分奇特。

王企鹅身高90厘米左右，体重15～20千克。

成年帝企鹅身高可达1.2米，体重约46千克。

巴布亚企鹅的头部有白色带状花纹，它是游泳速度最快的企鹅。

马克罗尼企鹅分布于亚南极地区，头顶有两撮黄毛。

南跳岩企鹅体形较小，头顶上有几乎直立的黑毛，两侧有金黄色羽毛。

阿德利企鹅的眼圈呈白色，嘴角有细长的白色羽毛围绕。

帽带企鹅又称南极企鹅，其头部下面有一条黑色的纹带。

翘眉企鹅分布于亚南极地区和新西兰一带海域，头顶黑毛竖立。

企鹅潜水

　　企鹅是海洋中的"运动健将"，它们的骨骼比较坚硬，脚比较短而平，再加上双桨般的短翼，使它们可以在水中快速而灵活地"飞行"。企鹅的羽毛呈鳞片状，紧贴在身体表面，在水中游动时能保持体形并保护身体。企鹅翅膀表面分布有许多血管，可以帮助企鹅散发热量。企鹅的骨骼不像会飞的鸟类那样又薄又轻，这使它很容易潜入深海，企鹅能潜入水中 10 分钟以上，有潜水深 250 多米的纪录。

海洋哺乳动物

　　除了鱼类、爬行动物等海洋生物外，海洋中还生活着许多哺乳动物。海洋哺乳动物是恒温动物，多数情况下，它们的体温高于海水。海洋哺乳动物用肺呼吸，每隔一段时间便浮出水面换气，能长时间潜水，并能下潜到很深的地方。一些海洋哺乳动物终生生活在海里，而另一些则会在陆地交配繁殖。海洋哺乳动物包括鲸类、海豹、海狮、海獭和海牛等。受海洋污染、海洋资源开发和滥捕滥杀的影响，绝大部分海洋哺乳动物的生存空间和种群数量正在遭受严重的威胁，一些物种已经灭绝，如加湾鼠海豚、斯特勒海牛等。

海豹和海狮

　　海豹和海狮四肢呈脚蹼状，因而称为鳍足类动物。它们分布于全球各大海域，绝大部分时间都生活在水中，在岸上繁殖休息，以小型鱼类和鱿鱼等为食。常见的海豹有斑海豹、威德尔海豹和北方象海豹等，常见的海狮有加利福尼亚海狮和北海狗。19～20世纪初，海豹和海狮被人类疯狂捕杀。1870～1880年，北方象海豹仅剩50只左右；1892年，北美毛皮海狮仅幸存7只。20世纪后期，随着人们对海洋生态保护的重视和偷猎、盗猎现象的减少，它们的种群数量得到了一定的恢复。

海狮分布于北半球，体形较小，体长一般不超过2米。海狮有外耳，在陆地上行动相对迅速，能够直立。

全球共有11种海豹，最小的环斑海豹体长不超过1.5米，最大的象海豹体长可达6.5米。海豹只有小小的耳洞，后脚蹼不能支持它们向前运动。

海象可以用犬牙插入冰块中以浮出水面

海象

　　海象是鳍足类动物中特殊的一类，主要分布于北极或近北极的温带海域。海象的外耳演化成了一对小孔，没有其他陆生动物明显。它们能够在坚硬的地面行走，无论是雄性还是雌性，都有独特而结实的犬牙。海象对海洋环境的变化特别敏感，由于人类大规模开发石油和天然气，很多海象的栖息地受到污染，海象的分布区域逐渐缩小，全球海象数量锐减。

雄海象体长3.3～4.5米，体重1200～3000千克。

海獭

海獭是鼬科海獭属动物，又称海虎。海獭是地球上体形最小的海洋哺乳动物，一般成年雄海獭体长 1.47 米左右，雌海獭体长 1.39 米左右。海獭的一生几乎都在水中生活，在水中交配繁殖，以浅海贝类、海胆等动物为食。海獭拥有厚厚的皮毛，可以帮助它们保存空气以维持体温，而这种柔软的毛皮也让它们成了人类猎杀的对象。

海獭喜欢仰面漂浮着享用食物，哺育幼崽。

海牛和儒艮

海牛和儒艮同属于海牛类动物，并被认为是美人鱼传说的起源，也是地球上唯一的一类食草类海洋哺乳动物。海牛主要分布于南大西洋海岸和加勒比海地区的海湾中，儒艮常分布于东南亚、非洲和澳大利亚附近海域。受到生境恶化的影响，儒艮已经从印度洋和中国南海的大部分地区消失。2021 年，中国将儒艮列入国家一级保护动物，同时也是濒危物种。海牛的命运同样悲惨。早在 1768 年，地球上最后一头斯特勒海牛死在人类的餐桌上。1979 ~ 1992 年，已知有约 1700 头海牛因人类活动而死亡，其中有 26% 死于与船只的碰撞。

海牛体长 2.5 ~ 4 米，体重可达 360 千克。海牛皮下储存大量脂肪，能在海水中保持体温，它们的尾鳍呈圆扇形。

成年儒艮平均体长约 2.7 米，体重超过 500 千克。儒艮的尾鳍形状与海豚相似。

磷虾

鲸

    鲸是水生哺乳动物，广泛分布于全球各大洋及一些河流中，是地球上最大的一类动物。现存的鲸分为须鲸和齿鲸两大类。须鲸口中没有牙齿，只有像梳子一样的鲸须，它们以大量聚集在海水中的磷虾、浮游生物为食，露脊鲸、蓝鲸等属于须鲸。齿鲸口中长有牙齿，咽部也较大，足以吞下乌贼、鱿鱼和各种鱼类，抹香鲸、虎鲸、白鲸等属于齿鲸。几个世纪以来，鲸经常被作为人类桌上佳肴或工业产品原料。到了20世纪中期，鲸的数量已经因为捕鲸工业的盛行而锐减，鲸成为濒临绝种的生物。国际捕鲸委员会裁定，自1986年暂停商业捕鲸，鲸类的种群数量才得以缓慢恢复。

蓝鲸

    蓝鲸是须鲸，分布于从南极到北极之间的各大海洋中，接近南极附近的海洋中数量较多。蓝鲸是现存体形最大的动物，最大的雌鲸体长超过33米。蓝鲸口内有270～395对黑色鲸须板，最大的鲸须板长约1米。蓝鲸主要以磷虾为食，一头蓝鲸一天能吃5～6吨磷虾。蓝鲸的皮下有一层厚厚的脂肪，早期被用于制作肥皂、鞋油等，因此蓝鲸曾遭到大量捕杀。

抹香鲸

    抹香鲸是地球上最大的齿鲸，分布于从南极到北极之间的各大海洋中。抹香鲸是深潜高手，为了捕获爱吃的章鱼、乌贼等猎物，它们下潜的时间可长达1个多小时。抹香鲸的骨内有比一般同类多许多的脑油体，这有助于它下潜到2000～3000米深的海水中。它的肠中有一种称为"龙涎香"的分泌物，气味很浓。因遭人类捕杀，全球抹香鲸数量急剧减少。

海豚

    海豚是体形较小的齿鲸，现存30多种，包括真海豚、热带点斑原海豚、瓶鼻海豚、虎鲸等。虎鲸又称逆戟鲸，是海豚的一种，它们智商极高，能发出60多种不同的声音。正因如此，一些虎鲸被人类训练后被迫在海洋公园或动物园进行商业表演。美国的一个海洋公园曾有一头用于马戏表演的虎鲸，自2岁时被人类囚禁虐待，33年后死亡。

露脊鲸

    露脊鲸是须鲸，有南露脊鲸、北大西洋露脊鲸和北太平洋露脊鲸3种。露脊鲸的鲸须狭长而柔软，每侧220～260片，须长2.9米。露脊鲸以小型无脊椎动物为食，可在水面缓慢地游过成片集中的浮游生物，滤食或撇食其中的食物。露脊鲸的游动速度很慢，因而被大量捕杀，濒临灭绝。

蓝鲸

潜水员

抹香鲸

露脊鲸

一角鲸

白鲸

瓶鼻海豚

虎鲸

中华白海豚

真海豚

北极熊

　　北极熊又称白熊，是地球上体形最大的熊，分布于整个北极地区的海洋环境。北极熊拥有非凡的持久力、适应力和力量，生性凶猛，擅长游泳，一年中有一半时间都在海上度过。受全球变暖、冰川融化、人类捕杀、海洋污染等问题的影响，北极熊的数量在几十年间大幅减少。科学家估测，目前全球只剩下约2.5万头北极熊。

北极熊浑身的长毛是透明且中空的，可以帮助它们增加在水中的浮力。

雄北极熊体长可达2.5米以上，体重300～600千克；雌北极熊体长2.1米，体重200～400千克。

北极熊长而健壮的爪有"冰镐"的作用，掌上的凹凸结构有"吸盘"的作用，可以提高它们在冰上行走跳跃的稳定性。

北极熊的一生

　　北极熊的一生相对短暂，人工饲养的北极熊寿命为40岁左右。由于生存环境越来越恶劣，野生北极熊的平均寿命减少到约25岁。北极熊是典型的独居性动物，除了繁殖期，它们几乎都独自活动。北极熊的生殖年龄可以持续到20～25岁。3～5月是北极熊捕食海豹的关键期，怀孕的母熊会大量进食、储存脂肪，为生育做准备。北极熊幼崽出生时，体重只有几百克，母熊完全依靠体内贮存的营养维持生命、哺乳幼崽。

北极熊每年3月开始求偶

北极熊善于长距离游泳，以便在不同的海冰上找寻海豹，它们无法在海中捕猎，需依赖海冰才能捕捉海豹。

北极"霸主"

　　北极熊是北极食物链顶端的肉食性海洋哺乳动物。在食物资源相对匮乏的北极地区，它们演化出了敏锐的听力和嗅觉、强大的游泳能力与奔跑能力，以及对多种环境的适应能力。北极熊的主要食物是海豹，它们常会守在海豹的通气孔旁边，捕捉从水中露头的海豹。它们也会捕食海鸟、鱼类等，还会吃搁浅的鲸类和陆地上的植物。

保护北极熊

　　全球气候变暖造成海冰消退、浮冰减少，北极熊的捕猎成功率因此逐步降低，甚至有的北极熊在海中觅食时因找不到落脚的海冰而被淹死。海洋污染和人类偷猎，也让北极熊面临着严重的生存危机。科学家发现，成年北极熊的平均体重已经明显下降，幼北极熊的存活率也大幅降低。人们担心，北极熊极可能在21世纪濒临灭绝。1973年，美国、加拿大、丹麦、挪威、苏联五国签署了《北极熊及生境养护国际协定》，规定只有当地居民被允许使用传统方法捕猎北极熊，北极熊的生存状况得到了一定程度的改善。

海洋生物多样性

科学家研究发现，大洋海水的深度、温度等条件的不同，决定了海洋中浮游生物和底栖生物分布的差异及变化，进而直接影响了以浮游生物为食的其他海洋动物的活动与分布。正是这种生物活动与分布规律，造就了海洋生物的多样性。近海和滨海是生产力及生物多样性极丰富的海洋环境，也是我们了解较多的生境类型。人类对于远洋和深海的了解仍然十分有限。

珊瑚礁

巨藻

僧帽水母

章鱼

鲱鱼

冠海马

透光层
（0～200米）

中层带
（200～1000米）

甘氏巨螯蟹

不同海域的生物

在表层海域，生活着食肉的软体动物、刺胞动物和棘皮动物等，往下则分布有体色发红和发黑的动物。再往下就是深海区了，深海动物的眼睛比较大。海底的微弱光线来自鮟鱇鱼等底栖鱼类及鱿鱼的发光器。在泥质海底，栖息着各种掘穴动物；而在深海软泥海底，生活着深海鱼类、甲壳动物和海参等。

鲸落

深层带
（1000～4000米）

鮟鱇鱼

大洋深处

过去人们认为，深海环境险恶，在高压、无光、缺少食物和氧气的条件下，是不可能有生命存在的。后来，人类有条件潜入深海探险考察，发现深海并非像人们想象的那样是生命的禁区。相反，在大洋深处，生活着多种鱼类、甲壳动物和软体动物。深海也是一个生机勃勃的世界。

大王具足虫

尖牙鱼

深海带
（4000～6000米）

三脚架鱼

一些深海鱼类身体虽小，可是嘴巴和头部都特别大，它们的头部体积几乎占整个身体的2/3。

超深海带
（6000米以下）

钝吻拟狮子鱼

大洋表层生物链

　　大洋表层是以光照生物为基础的生物群落。阳光在通过海水时，很快被散射并吸收。因此阳光只能穿透一定深度的海水，这就形成了透光层。在透光层里，植物获取能量并生长，这就为那些食植动物提供了食物来源；而食植动物的存在，又为食肉动物提供了食物来源。于是在透光层，形成了浮游（底栖）植物—食植动物—食肉动物的生物链。

斑尾塍鹬

海鸥

绿海龟

六斑刺鲀

磷虾

翻车鱼

腔棘鱼

虎鲸

蝠鲼

　　海洋深度的变化，直接影响着海洋生物的形态和颜色。各种海洋动物，都根据自己所需要的生态环境，找到了适应自己生长繁衍的海域。在不同深度的海水中，尽管生活着不同的动物，但它们却有着某些相似的特性。

　　生活在深海漆黑环境中的生物，大多自备发光器官。海洋动物发出的光与太阳光、火光等是完全不同的，它没有热量，在科学上称为冷光。冷光的发光效率高，光色也更加柔和。

烟灰蛸

斯帕克斯双腕栉水母

深海热液口

短脚双眼钩虾

滨海湿地

滨海湿地是连接海洋与陆地的重要过渡地带，一般指低潮时水深不超过 6 米，大潮高潮线之上与内河流域相连的湖沼，以及海水随潮汐上溯所及的区域。滨海湿地主要地貌类型包括河口、浅海、潮滩、沙洲、潟湖、海湾、海岛、礁崖等。滨海湿地拥有多种多样的生态系统类型，包括盐沼、红树林、珊瑚礁、海草床、大型海藻场等。滨海湿地是地球上生物多样性最高的生态系统之一，仅占据地球陆地面积的 4%，却供养了全球近 35% 的人口。滨海湿地对于地球生态和人类福祉具有重要意义。

红树林在维持海岸带生物多样性等方面具有举足轻重的作用。据统计，仅占全球陆地总面积 0.1% 的红树林，其固碳量占全球总固碳量的 5%。

滨海湿地的作用与保护

滨海湿地被誉为海洋生物的"大产房"和天堂，是地球上重要的生态财富之一。滨海湿地具有固碳、净化水体、控制土壤侵蚀、保护海岸线等多种调节服务功能。红树林能够有效抵御和减缓台风、风暴潮等自然灾害的威胁；海藻床和海草床能通过吸收水体中的氮、磷等元素，起到净化水体的作用。20世纪中后期，受过度围垦、环境污染、过度开发水资源、城市建设与旅游业盲目发展等因素的影响，全球滨海湿地生态系统急速退化。过去 50 年里，全球已损失 50% 的湿地。为了保护湿地，全球 172 个国家共同签署了《湿地公约》，开展建立自然保护区、严格管控围海填海等一系列湿地保护工作，并规定每年 2 月 2 日为"世界湿地日"。

印度孙德尔本斯国家公园拥有大面积的红树林，生活着孟加拉虎、玳瑁、湾鳄等动物。1987 年，孙德尔本斯国家公园作为自然遗产被列入《世界遗产名录》。

泥质潮间带

　　泥质潮间带又称泥滩，分布于淤泥质海岸上的潮间带、潟湖、河口以及海湾顶部等波浪作用较弱或颗粒物质来源丰富的地方。泥滩带属于生态价值极高的滨海湿地，与沙滩、岩滩相比，地质、生态环境通常更加脆弱，无论是自身变化或人类活动干扰，都会对泥滩产生明显影响。在自然与人为围垦的共同作用下，泥滩正面临着不断加剧的地质灾害，特别是大规模抽取地下水、围海造陆等人类活动，轻易地改变着原本需要数十年甚至数百年才能形成的泥滩的自然状态，引发岸线侵蚀、沿海低地地面下沉、生物种群数量下降等危机。

中国 1.8 万多千米长的大陆海岸线中，约有 4000 千米属于泥质潮间带，占中国潮间带湿地总面积的 80% 以上。

中国双台河口国家级自然保护区

　　中国是亚洲滨海湿地面积最大的国家，总面积近 6 万平方千米。双台河口国家级自然保护区位于中国辽宁辽东湾双台河入海口处，是由淡水携带大量营养物质沉积并与海水互相浸淹混合而形成的河口湾湿地，总面积 800 平方千米。保护区内生物资源丰富，仅鸟类就有 191 种，其中国家重点保护动物有丹顶鹤、白鹤、东方白鹳、黑鹳等 28 种。保护区内有高等植物 130 多种，90% 以上为喜湿或耐盐植物。

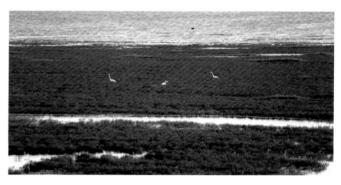

红海滩坐落在双台河入海口处的拦海大堤外，绵延 50 多千米，好像一块巨大的红色地毯铺展在广阔的沿海滩涂地带。

南非西海岸国家公园

　　南非西海岸国家公园西邻大西洋，面积约 275 平方千米。西海岸国家公园是全球重要的滨海湿地保护区和鸟类繁殖地，公园内的萨尔达尼亚湾和兰格班潟湖盐沼是候鸟的重要繁殖区，每年 9 月至次年 3 月，来自北半球的候鸟会陆续到这里过冬、繁殖。西海岸国家公园的嘉顿岛是诸多海鸟的栖息地，这里生活着南非企鹅和濒临灭绝的南非鲣鸟等鸟类。

南非鲣鸟

南非企鹅

兰格班潟湖长 16 千米，大西洋的潮汐和本格拉洋流将营养丰富的海水从海洋带入潟湖，滋养了大量的海藻、虾、蟹和各种鱼类。到了夏季，这里能够为 50 多万只海鸟提供繁殖的场所。

岩岸潮间带

潮汐大潮期间，绝对高潮与绝对低潮之间露出的海岸称为潮间带。因所处地理位置不同，潮间带环境在景观和生物种类等方面各有特点。按照基质类型，潮间带分为岩岸潮间带、砂质潮间带、泥质潮间带三种。岩岸潮间带又称岩滩，它以岩礁为基底，生物呈现明显的垂直带状分布现象。

长腿长喙的大杓鹬飞掠而过，直奔不远处的沙滩海岸。

潮池

退潮时，岩岸潮间带会留下许多潮池，一些海洋生物也因此滞留在了这里。随着池底泥沙堆积，藻类生长，这种"小水坑"逐渐变成了一个生态环境相对稳定的"迷你水族馆"，给滨螺、贻贝、荔枝螺等移动缓慢的底栖生物提供了短暂的"庇护所"和"休息区"。潮池的存在，也使得岩岸潮间带的整体生物多样性要高于砂质潮间带。

银鸥喜欢捕食潮间带的甲壳动物

红树林

风力发电机

退潮后各种动物都出来觅食，有时也许自己也会成为食物。

大杓鹬在淤泥中翻找食物

翻石鹬能用粗壮的喙翻开石头觅食

贻贝会捕食藤壶的幼体

藤壶

鹅藤壶的模样看起来似鹅头

荔枝螺在岩石上缓缓移动

牡蛎

潮池中的环境变化非常大，有时干燥，有时又变得非常潮湿，海水的温度也会时高时低。

岩蟹

雪花鳗发现了美味的岩蟹

牡蛎喜欢群居在死去的同伴身体上

滨螺

海星

侧花海葵

海胆

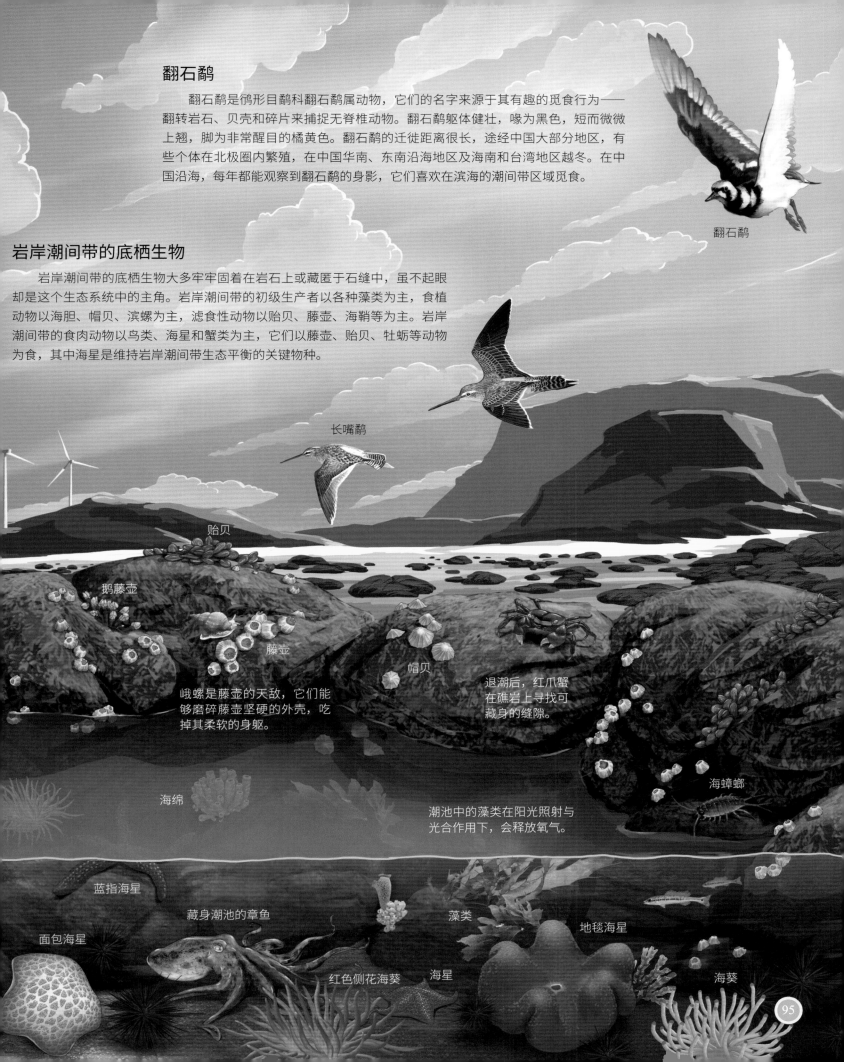

翻石鹬

　　翻石鹬是鸻形目鹬科翻石鹬属动物，它们的名字来源于其有趣的觅食行为——翻转岩石、贝壳和碎片来捕捉无脊椎动物。翻石鹬躯体健壮，喙为黑色，短而微微上翘，脚为非常醒目的橘黄色。翻石鹬的迁徙距离很长，途经中国大部分地区，有些个体在北极圈内繁殖，在中国华南、东南沿海地区及海南和台湾地区越冬。在中国沿海，每年都能观察到翻石鹬的身影，它们喜欢在滨海的潮间带区域觅食。

翻石鹬

岩岸潮间带的底栖生物

　　岩岸潮间带的底栖生物大多牢牢固着在岩石上或藏匿于石缝中，虽不起眼却是这个生态系统中的主角。岩岸潮间带的初级生产者以各种藻类为主，食植动物以海胆、帽贝、滨螺为主，滤食性动物以贻贝、藤壶、海鞘等为主。岩岸潮间带的食肉动物以鸟类、海星和蟹类为主，它们以藤壶、贻贝、牡蛎等动物为食，其中海星是维持岩岸潮间带生态平衡的关键物种。

长嘴鹬

贻贝

鹅藤壶

藤壶

　　峨螺是藤壶的天敌，它们能够磨碎藤壶坚硬的外壳，吃掉其柔软的身躯。

帽贝

　　退潮后，红爪蟹在礁岩上寻找可藏身的缝隙。

海蟑螂

海绵

　　潮池中的藻类在阳光照射与光合作用下，会释放氧气。

蓝指海星

藏身潮池的章鱼

藻类

地毯海星

面包海星

红色侧花海葵

海星

海葵

95

砂质潮间带

砂质潮间带又称沙滩，出现在水动力较强的海岸，通常由不规则的石英颗粒、贝壳类的碎粒等组成。从表面上看，沙滩似乎是一个缺乏生物栖息的环境，这是因为生活在这里的很多生物个体很小，常隐蔽在沙粒里，大型种类也多为掘穴动物。每当潮水退去，沉寂许久的沙滩会变得十分热闹，各种涉禽、蟹类和贝类生物齐聚这里，构成了奇妙的生态系统。

露兜树

单叶蔓荆

滨刺草

厚藤

海马齿

大滨鹬

海马齿

红颈滨鹬

环颈鸻

沙蟹挖洞藏身

伸出斧足的海瓜子

沙虫又称海肠

藏在沙子中的花蛤

潮水退去，沙滩逐渐露出海面。

翻石鹬

招潮蟹

小蛎鹬飞快地赶来

蛎鹬妈妈找到了食物

有着蓝色外壳的和尚蟹

海带

竹蛏

沙蚕又称海蜈蚣，常居住在弯曲的洞穴中。

沙蚕可摄食海水中的污染物，被视为海洋污染的生物"监测器"。

消失的沙滩

沙滩上除了栖息着各种各样的动物、植物，也是人类亲近海洋的窗口。然而，随着旅游开发、填海活动和近海养殖的规模扩大，河流供沙量减少和海平面上升的影响，全球的沙滩在慢慢消失。几十年来，全球沙滩海岸线萎缩了数千千米。沙滩的消失，会让很多底栖生物失去家园，涉禽面临"断粮"危机，造成沙滩生态系统的破坏。科学家发现，沙滩的快速萎缩，让很多物种还没有来得及被科学地记录，就已经随着沙滩一起消失了。

沙滩的修复

    沙滩生态环境的自我修复时间十分漫长。在人工修复沙滩的过程中，需要着重考虑动物生境的修复，放养沙蚕、青蛤等底栖生物可以提高沙滩的生物多样性，保证其他生物的食物来源。经人工修复的沙滩，一方面能够为海龟、海鸟、甲壳动物、软体动物等海洋生物提供新的家园，重构生态系统；另一方面还能起到海岸防护和带动旅游业发展的作用。截至 2019 年，中国已经进行了近百项沙滩修复工程，修复的海岸线总长超过 120 千米，填沙量超过 2300 万立方米。

海鸥喜欢结伴觅食，有时也吃海滩上的动物尸体。

从远处赶来的大杓鹬急于找到自己的落脚地，来一顿"海鲜大餐"。

反嘴鹬常单独或成对活动和觅食

沙滩上的涉禽

    沙滩上最常见的是各种鸻鹬类的涉禽，它们演化出了各种形状的喙，用来在海滩觅食。大杓鹬常在沙滩上闲庭信步，它们长长的、向下弯曲的喙，能够伸进沙滩下的洞穴寻找螃蟹和贝类。反嘴鹬喙部细长而上翘，觅食时会左右摆动头部筛取水中的食物。勺嘴鹬扁平的喙不但可以掘起泥沙扫荡猎物，还能猛地向下用嘴巴抓住想要逃脱的螃蟹。

鹤鹬

红脚鹬

觅食时，黑剪嘴鸥用下颌掠过水面接触鱼类和其他海洋猎物，然后再捕捉。

大杓鹬找到一只蝼蛄虾

褐胸反嘴鹬有长而上翘的喙，方便它们捉取水面或地面的食物。

蝼蛄虾

文蛤

为躲避水鸟，猫眼螺迅速钻进沙子里。

豆形拳蟹

大叶藻

喜盐草

寄居蟹

加拉帕戈斯群岛是由海底抬升的熔岩堆积物形成的一组海洋岛，由 7 个大岛、23 个小岛、50 多个岩礁组成。

海岛生态

　　海洋上的一些岛屿因其特定的生态环境，栖息着许多独有的生物，形成了奇特的海岛生态系统，如海鸟聚居的鸟岛、大量蛇聚集的蛇岛等。许多海岛拥有独立完整但脆弱的生态系统，保留了很多珍稀物种，一旦环境遭到破坏就很难得到恢复。海岛不仅是人类居住生活的载体，也是保护与利用海洋的支点，人类必须保护海岛及周边海域的生态系统，合理开发利用海岛自然资源。2010 年，中国正式施行《中华人民共和国海岛保护法》。

大凯马达岛

　　大凯马达岛又称蛇岛，位于巴西南部沿海，距海岸约 35 千米，面积 4300 平方千米。1984 年，大凯马达岛被巴西确立为自然保护区，未经许可任何人不能登岛。大凯马达岛是一座海上孤岛，食物匮乏，很多动物难以在这里生存。蛇为冷血动物，能随着环境的变化调整新陈代谢的速率，能量消耗慢，生存时间久，逐渐成了大凯马达岛上的霸主。

蓝脚鲣鸟

印加燕鸥

钦查群岛

钦查群岛位于秘鲁西海岸的外海上，由北钦查岛、中钦查岛、南钦查岛3个小岛组成。强烈的风蚀海浸作用，使岛上形成了天然的岩洞；沿岸的上升流又将海底的有机物带到海面，使鱼类迅速繁衍，这让钦查群岛成为蓝脚鲣鸟、印加燕鸥等海鸟的理想栖息地。由于鸟类众多，钦查群岛上鸟粪堆积，厚度可达百米。

鸟粪中含氮、磷、钾、钙和多种有机物，是优质的天然肥料，可以广泛地用于棉田、果树和其他土地上。从19世纪开始，钦查群岛上的鸟粪被运往世界各地，鸟粪出口也成为秘鲁的经济支柱之一。

加拉帕戈斯群岛

加拉帕戈斯群岛又称科隆群岛，位于距南美大陆1000千米的太平洋上，由19个火山岛以及周围的海域组成，是独一无二的"活的生物进化博物馆和陈列室"。加拉帕戈斯群岛处于三大洋流的交汇处，是海洋生物的"大熔炉"。群岛与世隔绝的地理位置，促使这里演化出许多奇异的物种，例如海鬣蜥、象龟和多种类型的雀类。如今，加拉帕戈斯群岛栖息着700多种陆地动物，但受到过度海洋捕捞和不合理的岛屿开发影响，岛上绝大部分特有物种面临着灭绝的风险。

加拉帕戈斯群岛上的红石蟹和海鬣蜥有着密切的共生关系，红石蟹会帮助海鬣蜥清除身上的寄生虫。

查尔斯·达尔文

加拉帕戈斯群岛与《物种起源》

1835年9月，英国博物学家达尔文乘坐"小猎犬号"单桅帆船前往南美洲从事自然调查研究工作。途经加拉帕戈斯群岛时，岛上的奇异动物和植物启发了达尔文，让他重新思考生物可能的真正起源。这次研究经历，也成为20多年后达尔文发表《物种起源》的开端。

圣克鲁兹岛的象龟

圣克里斯托巴尔岛的象龟

在加拉帕戈斯群岛，不同海岛上的自然环境有明显差异，这造成不同亚种的象龟体形有所不同。在潮湿的高地岛，象龟体形更大，有半球形的壳和短脖子，在干燥的低地岛，象龟体形更小，有马鞍形的壳和长脖子。这启发出达尔文对"进化论"的思考。

红树林

红树林是海陆边界上罕见、壮观且丰富多彩的生态系统，主要由生长在热带、亚热带海岸潮间带的红树林植物群落组成。红树林生态系统能保持地区的生物多样性，为鱼类和甲壳动物提供宝贵的栖息地，还有助于全球沿海社区的福祉、粮食安全和生态保护。同时，红树林也是一道海岸天然防御墙，可以抵御风暴潮、海啸、海平面上升和海浪侵蚀，其土壤还具有高效的碳汇能力，可以吸收大量的碳，帮助人类应对气候变化。红树林中的动物、植物具有独特的"生存技巧"，以适应海滩上的潮起潮落。

红树林中的植物枝干上会长出支持根、板根、呼吸根等特殊的根系，这些根系能保持植株稳定。落潮时，泥面处的支持根和呼吸根还能帮助植物进行气体交换。

保护中国红树林

全球的红树林分布稀少，只存在于亚洲、美洲、非洲和大洋洲的少数沿海地区。中国的红树林主要分布于台湾、海南、福建、广东、广西等地。由于围海造地、围海养殖、砍伐等人为因素，中国红树林大面积缩减。为了保护红树林，中国在许多地区建立了红树林保护区。截至 2020 年，中国建立了 23 个以红树林为主要保护对象的自然保护区，总面积超过 650 平方千米。

沿海植物能把过多的盐分排出体外

涨潮时，红树林的枝干会被海水淹没，浮出水面的树冠就像海洋中的小岛一样。

红树林中的植物

红树林中的植物主要分为真红树植物、半红树植物和伴生植物。真红树植物是只能生长在潮间带环境的乔木和灌木，以红树科植物为代表。半红树植物指的是既能在潮间带生存，又能在陆生环境生存繁衍的两栖乔木和灌木，如海杧果、水芫花、黄槿等。伴生植物指的是伴随红树林生长的草本植物、藤本植物及灌木，如马鞍藤、冬青菊、苦林盘等。

真红树植物有"胎生繁衍"的能力。它们的果实成熟后，里面的种子就已萌发，随着胎轴的不断伸长，形成一条条棒状的幼苗。每当海风吹来，成熟的幼苗就会脱离母体落入海滩，扎入土壤生根发芽。

幼苗扎入淤泥中

海杧果

水芫花

红树林中的动物

红树林是众多动物的家园，茂盛的红树植物向林地及附近海域输送大量的枯枝落叶，经微生物分解，成为虾、蟹、贝类、鱼类等生物的能量来源。红树林还是小型哺乳动物和海鸟的隐蔽场所，并为它们提供丰富的食物。红树林生态系统中的生物多样性极为丰富，贝类、昆虫、蟹、鱼类和鸟类种类繁多，生物量大。

红树林是苍鹭等候鸟的迁徙中转站，多种海鸟常栖息于红树林中。

红树林中的弹涂鱼会在涨潮时快速上树

红树林蟹以树叶为食

海藻林

　　海藻林是由大型褐藻所构成的海底"森林"，分布于全球温带地区到极地地区的海域，是全球最有活力的生态系统之一。海藻林为许多海洋生物提供栖息地，包括软体动物、甲壳动物、棘皮动物、鱼类、海鸟以及海獭和海狮等海洋哺乳动物。海藻林能保护海岸线免受海浪侵蚀，清理海水中的污染物并抵御海水酸化，并能为人类提供丰富的渔业资源。建立海藻林保护区，可以保护海藻林生态系统及其中的海洋生物。

海獭常漂浮于海藻上，以贝类、鲍鱼、海胆、螃蟹等为食。

海狮

半带皱唇鲨穿梭于巨藻森林中，以其他小型鱼类等为食。

大吻异线鳚

善于伪装的海蟹与海藻林融为一体

海藻林生态系统

　　海藻林与陆地森林相似，有垂直生态分布，整个海藻林可分为数层。海藻林上层称为冠层，指海藻林最顶端的部分，其间栖息着海獭、海狮等海洋哺乳动物与大蓝鹭、鸬鹚等鸟类；第二层为中间层，沙丁鱼、大吻异线鳚、红衫鱼等鱼类常栖息在这里；第三层为最底层，海藻的假根处生活着海蟹、章鱼、海胆及鲍鱼等海洋生物。在海藻林生态系统中，海洋生物间彼此制衡，相互依赖，构成了富有活力的海藻林生态系统。

紫球海胆

海藻林的危机

　　受过度捕捞、海洋工业污染和全球气候变暖的影响，全球的海藻林面临着严重的威胁。澳大利亚塔斯马尼亚岛东海岸的海藻林近年来萎缩了 90% 以上；美国加利福尼亚沿岸农业废水和化学污染物的排放加剧了海水的富营养化，挤占了当地海藻林的生存空间。海藻林的萎缩和消失不仅意味着一个物种的消失，与陆地上的热带雨林萎缩类似，海藻林消失会引发一系列可怕的生物灭绝反应，并且给海洋生态系统带来严重的灾难。

鸬鹚

大蓝鹭

最大的海藻物种可以从冠层向下延伸至 30 米甚至更深的海底

紫金钟螺以藻类、苔藓等为食

由于海獭等捕食者被过度捕杀，紫球海胆、紫金钟螺等生物的数量失控，它们会将海藻啃食殆尽，破坏海藻林生态环境。

海胆与海獭

　　在海藻林生态系统中，海藻最主要的天敌是紫球海胆，如果紫球海胆的种群数量失去控制，海藻林就会变成"海胆荒漠"。正常情况下，海獭是紫球海胆的"克星"，也是保护海藻林生态的关键物种。但由于人类对海獭的过度猎杀，海獭的数量急剧下降。在美国加利福尼亚到阿拉斯加的沿海海域，由于人们对海獭皮毛的过度追求，海獭被大量捕杀，直接导致紫球海胆泛滥。截至2014 年，当地紫球海胆等海胆的数量激增了约 1 万倍，90% 以上的海藻林被海胆啃食。

海洋名片

紫球海胆
拉丁学名：*Strongylocentrotus purpuratus*
分类：拱齿目球海胆科球海胆属
分布：加利福尼亚湾、墨西哥东部沿海等地
直径：约 25 厘米
食物：甲壳动物、海藻等

珊瑚礁生态

珊瑚礁是海洋中最为复杂的生态系统之一，被誉为"海洋中的热带雨林"。在珊瑚礁周围，有很多藻类、蠕虫、海绵、棘皮动物、甲壳动物、鱼类等，它们构成了珊瑚礁世界的生物群落。生活在珊瑚礁上的藻类在制造养分时，会吸收二氧化碳，同时释放大量的氧，供珊瑚虫制造骨骼时吸收。珊瑚礁可分为岸礁、堡礁、环礁、台礁、塔礁、点礁和礁滩等。现代最长的岸礁沿红海沿岸发育，绵延 2000 多千米；中国台湾恒春半岛和海南岛沿岸也有岸礁发育。堡礁位于大陆架的边缘，最典型的堡礁是澳大利亚大堡礁。环礁礁体呈环带状围绕潟湖，形态多样，全球约有 330 个环礁，海底下沉和海面上升也会形成环礁，马尔代夫便是由 26 个环礁组成。

珊瑚从古生代初期开始繁衍，一直延续至今，可作为划分地层，判断古气候、古地理的重要标志。

杰出的造礁动物

珊瑚是刺胞动物，又称珊瑚虫，包括轴孔珊瑚、鹿角珊瑚、树珊瑚、红珊瑚等。珊瑚虫体态玲珑，色泽艳丽，大部分生活在全年水温22℃～28℃的水域，且水质必须洁净、透明度高。珊瑚虫能固着在海底的岩石表面，其管状体外壁能分泌出石灰质，这些物质形成了包围软体的外骨骼，珊瑚虫遇到危险时常缩回到骨骼中。珊瑚虫的生长很奇特，它能像树一样不断长出分枝，从而建立起珊瑚群。

珊瑚构造示意图

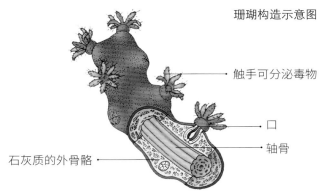

触手可分泌毒物

口

轴骨

石灰质的外骨骼

珊瑚虫能固着在海底的岩石表面，管状身体的上端是口，在口周围长有能分泌毒物的触手，用来捕食周围的浮游生物。

红珊瑚

蕈珊瑚

鹿角珊瑚

树珊瑚

珊瑚白化

正常情况下，珊瑚呈绿色、蓝色、黄色、褐色、红色或紫色等。珊瑚本身为白色，其五彩缤纷的颜色来自于体内的共生海藻。珊瑚依赖体内的微型共生海藻生存，海藻通过光合作用向珊瑚提供能量。当珊瑚失去体内共生的虫黄藻或共生的虫黄藻失去色素时，颜色各异的珊瑚就会变为白色，最终因失去营养供应而亡。由于海洋温度不断升高、气候变化等原因，珊瑚所依赖的海藻减少，许多珊瑚出现白化现象。

珊瑚礁中的伪装

栖息于珊瑚礁的鱼类会充分利用其鲜艳的体色，使自己与周围的环境融为一体。珊瑚礁鱼类利用体表的斑点、条纹、块斑等，可以改变其外貌，使天敌感到困惑。有些鱼体上的色彩有警示作用，它告诉天敌"不得靠近"；也有些鱼鲜亮的体色是欢迎异性前来交配的信号。穿梭于珊瑚礁的鱼类体形会有许多变化。有的鱼体长得像一支又细又长的箭；有的鱼体扁平呈琵琶形，适合紧贴在海底；有的鱼体高而薄，易于穿梭在珊瑚之中；有的鱼鳍很像飘动的枝叶。奇形怪状的鱼体，是珊瑚礁鱼类的一种伪装本能。

幼年的主刺盖鱼身体呈深蓝色，头和身上有许多亮蓝色和白色圈纹，远看像一个大眼睛，可用来迷惑捕食者。

成年后的主刺盖鱼身体颜色更为鲜艳，在迷惑捕食者的同时，也有吸引异性的作用。

黄尾副刺尾鱼

月斑蝴蝶鱼

镰鱼

黄高棘刺尾鱼

大堡礁

在南半球，有全球最大最长的珊瑚礁群——大堡礁。它纵贯于澳大利亚东北沿海，从托雷斯海峡到南回归线以南，绵延伸展 2000 多千米，约有 2900 个大小珊瑚礁岛，形成了壮丽的独特自然景观。大堡礁物种繁多，包括 400 多种珊瑚、1500 多种鱼类和 4000 多种软体动物，这里还栖息着儒艮、绿海龟等濒危动物。大堡礁是海洋生物的乐园，也是一处得天独厚的科学研究场所。1981 年，大堡礁作为自然遗产被列入《世界遗产名录》。

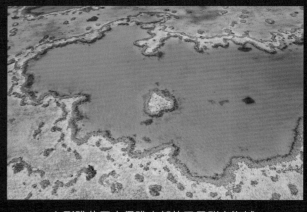

心形礁位于大堡礁中部的圣灵群岛海域

大堡礁海域的珊瑚群，珊瑚虫分泌的石灰质骨骼，连同藻类、贝类等海洋生物的残骸胶结在一起，堆积成了一个个珊瑚礁体。这座壮观的珊瑚礁之所以称为大堡礁，是因为它就像一座海上屏障，为澳大利亚阻挡了从太平洋奔涌而来的巨浪。

大堡礁生态系统

大堡礁生态系统是全球最完整、最有活力的珊瑚礁生态系统。大堡礁是由数十亿只微小的珊瑚虫建构成的，是生物所建造的最大物体，滋养着成千上万的物种。全球鱼类中有约 25% 生活在大堡礁水域，这里还是海龟和海鸟生活的天堂。大堡礁里的每一种生物都是主角，它们在复杂的生态系统中顽强求生，演化出奇妙的生存技巧，经历着与人类无异的坎坷生活。

绿海龟

苏眉鱼

陆氏多彩海蛞蝓

多彩海牛

百态大堡礁

大堡礁由 400 多种绚丽多彩的珊瑚组成，其造型千姿百态。堡礁大部分没入水中，低潮时礁顶可露出水面。从空中俯瞰，礁岛好似一块块碧绿的翡翠，熠熠生辉；若隐若现的礁顶宛如艳丽的花朵，在碧波万顷的大海上怒放。透过清澈的海水，可以看到红色、粉色、绿色、紫色的鱼类和软体动物等海洋生物穿梭其间。

保护大堡礁

大堡礁形成于中新世时期，距今已有2500 万年的历史，形成过程中曾多次出现中断，当前的成长阶段持续了约 6000 年。4 万多年前，人们开始在大堡礁上捕鱼，直到 1770 年大堡礁才被科学家发现。土著岛民在大堡礁渔猎已数个世纪，并没有对这里造成破坏。对大堡礁来说，最大的危险来自现代人类。人类开采鸟粪，大量捕鱼、捕鲸，进行大规模的海参贸易和捕捞珠母等商业活动，使大堡礁伤痕累累。近年来，因气候变化等原因，大堡礁多次出现珊瑚大规模白化现象。大堡礁的生态系统极其脆弱，保护大堡礁刻不容缓。

海水温度

26　　28　　30

单位：摄氏度

叶绿素浓度

0.01　0.1　1　10

单位：毫克／米³

全球气候变暖导致水温上升，会造成珊瑚与虫黄藻之间的共生关系瓦解，珊瑚会排出体内的虫黄藻。虫黄藻让海水中的叶绿素浓度上升，珊瑚礁则会失去鲜艳的颜色并濒临死亡。虽然有些珊瑚能够复原，但它们的免疫系统会受到不可逆的损伤。

信天翁

　　鹱形目信天翁科动物统称信天翁，有黑背信天翁、短尾信天翁等14种，主要分布于南半球，少数生活于北太平洋和赤道地区。信天翁是现存鸟类中翼展最大的类群之一，体形最大的漂泊信天翁的最大翼展可超过3.5米。信天翁在长距离飞行中几乎不用拍打翅膀，而是充分利用海面风速和风向的微小变化进行滑翔。作为典型的海鸟，信天翁除了在陆地繁殖以外，一生的其他时间都在海上度过。在两次繁殖的间歇期，信天翁会回到开阔的大洋上继续漂泊。

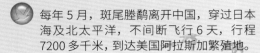

每年5月，斑尾塍鹬离开中国，穿过日本海及北太平洋，不间断飞行6天，行程7200多千米，到达美国阿拉斯加繁殖地。

中国黄海地区

信天翁会利用海风滑翔

利用卫星定位跟踪得到的信天翁的飞行路线图

南极洲

海鸟迁徙

　　鸟类迁徙是地球上最为壮观的生命活动之一。每年数以百万计的鸟类迁徙往返于繁殖地与非繁殖地之间，促进了不同大陆和生态系统之间的能量及营养传递，将全球的生态环境紧密地联系在一起。而海鸟的迁徙，还是一个海陆之间能量和物质交换的过程。开阔的海域食物稀少、气候多变，为了适应海洋复杂的自然条件，海鸟们演化出了许多令人惊叹的飞行技巧和迁徙方式。不论是信天翁年复一年的海上漂泊，北极燕鸥往返两极的万里旅途，还是斑尾塍鹬跨越太平洋的不间断飞行，无一不令人惊叹和敬畏。然而，受远洋渔业的过度发展，潮间带湿地的破坏和丧失，以及气候变化造成的环境和食物链变动等问题的影响，海鸟的迁徙和生存面临着诸多威胁。

离不开陆地的海鸟

　　通常所说的海鸟包括信天翁、鹈鹕、鲣鸟、燕鸥等，以及一些海洋性鸭类。这些鸟类一生的大部分或全部时间都生活在海上。除此之外，黑脸琵鹭，红腹滨鹬，小青脚鹬等主要栖息于潮间带湿地的水鸟有时也被视为海鸟。许多海鸟都具有长距离迁徙或游荡的行为。长距离迁徙的物种每年会沿着大致固定的路线，往返于繁殖地和非繁殖地之间。其他一些物种没有固定的非繁殖地，它们在繁殖结束后，在开阔的海洋上游荡，一边寻找合适的觅食区域，一边等待下一个繁殖季的到来。

斑尾塍鹬的迁徙路线

与完全摆脱了对于陆地依赖的海洋哺乳动物不同，海洋鸟类需孵卵和育雏，即便是海鸟中最典型的燕鸥、信天翁等，也需在繁殖期登陆，利用海岛进行繁殖。

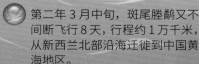

第二年3月中旬，斑尾塍鹬又不间断飞行8天，行程约1万千米，从新西兰北部沿海迁徙到中国黄海地区。

阿拉斯加的育空-库斯科奎姆三角洲是斑尾塍鹬的繁殖地

斑尾塍鹬的迁徙路线

每年9～10月，斑尾塍鹬开始秋季迁徙。

由于两极地区夏季会发生极昼的自然现象，北极燕鸥是地球上的所有生物中每年享受白昼最多的物种。

北极燕鸥

北极燕鸥

　　北极燕鸥是鸻形目鸥科燕鸥属动物。北极燕鸥体形小巧，体重约100克，却是已知的所有动物中迁徙路线最长的。它们的繁殖地位于北半球的极地和亚极地地区，而非繁殖地位于南极大陆附近的海域。其中，在冰岛繁殖的北极燕鸥每年迁徙的总距离平均可达7万千米。如此往返于南北两极地区的长途跋涉，使北极燕鸥一年可以度过两个夏天。它们繁殖时，正值北半球的夏季；而当北半球逐渐变冷时，它们已经迁徙到南极附近的非繁殖地，开始迎接南半球的夏天。

北极燕鸥

斑尾塍鹬的迁徙路线

斑尾塍鹬飞越夏威夷群岛、南太平洋岛国斐济，从阿拉斯加迁徙到新西兰北部沿海。

大
西
洋

北极燕鸥的飞行路线图

跨大洋飞行的鸻鹬类

　　与其他海鸟不同，主要栖息于各类潮间带湿地的鸻鹬类几乎无法在开阔大洋的海面进食和休息。因此，它们需要在开始长距离迁徙飞行之前，进行充分的能量补给。为了尽可能多地储存能量，许多鸻鹬类会减小那些对于飞行没有帮助的器官的体积和重量，并大量进食来积累脂肪。一切准备就绪后，它们便会启程，不吃不喝地连续飞行几十个小时甚至一周以上。繁殖于美国阿拉斯加的斑尾塍鹬体重只有500～600克，但它们最多能够连续不间断飞行11天，超过1.3万千米，南北纵跨太平洋，从繁殖地一口气飞回位于澳大利亚和新西兰的非繁殖地。

科学家用定位跟踪器追踪候鸟的迁徙路线

定位跟踪器

新西兰北部

红颈滨鹬体重约30克，它们单次连续飞行距离能超过5000千米。

109

黄（渤）海候鸟栖息地

大滨鹬

中国黄海、渤海候鸟栖息地是主要由泥质潮间带和其他类型的滨海湿地组成的大型候鸟栖息地，也是全球面积最大的潮间带湿地。黄海、渤海候鸟栖息地是东亚—西澳大利亚候鸟迁飞区的关键枢纽，每年为数以百万计的迁徙水鸟提供停歇、觅食、繁殖和越冬地，是珍稀候鸟、各类潮间带湿地生物不可替代的栖息地。同时，黄海、渤海候鸟栖息地在防风防潮减灾、对抗气候变化等方面也有着重要的作用。

小青脚鹬

江苏盐城国家级珍禽自然保护区

江苏盐城国家级珍禽自然保护区东临黄海，总面积约2842平方千米，是太平洋西海岸面积最大、原始生态保持最好的泥质潮间带之一，也是中国最大的海岸带保护区。江苏盐城国家级珍禽自然保护区的生物多样性十分丰富，有植物450多种，鸟类395种，两栖爬行类45种，鱼类281种，哺乳类47种，是"鸟类的王国、动物的天堂、物种的基因库、天然的博物馆"。

勺嘴鹬

江苏大丰麋鹿国家级自然保护区

江苏大丰麋鹿国家级自然保护区地处亚热带与暖温带过渡地带，有大面积的滩涂和沼泽。这里常年气候温暖湿润，土壤肥沃，生长着茂盛的白茅、鸢尾等约500种植物。保护区具有典型的潮间带生物多样性特征，有兽类10多种、鸟类180多种，鱼类150多种，爬行两栖类近30种，昆虫近600种以及各种浮游生物，其中国家Ⅰ级保护动物有麋鹿、东方白鹳、白尾海雕、大天鹅和丹顶鹤等。

黑脸琵鹭

麋鹿是中国特有的珍稀动物，野生麋鹿几百年前就灭绝了。1986年，39头麋鹿从英国回到中国，在大丰麋鹿自然保护区繁衍生息。目前，保护区的麋鹿野外种群数量达1000多头。

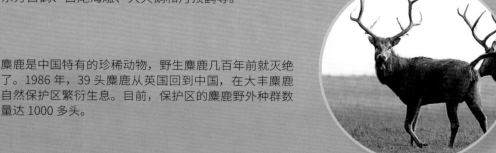

牛背鹭

黄海和渤海潮间带湿地

　　黄海、渤海区域有着全球最为宽广的潮间带湿地，这些潮间带湿地的形成得益于来自黄河、长江、辽河、海河、鸭绿江等江河携带入海的大量泥沙。与泥沙一道而来的还有丰富的无机盐和其他营养物质，使潮间带湿地成为海洋生态系统中生产力最高的生态系统类型之一。黄海、渤海的潮间带湿地中生活着各种沙蚕、贝类等底栖动物，为海洋中大量的虾、蟹、鱼类等提供了繁殖和育苗场所，也养育了以滨海水鸟为代表的众多其他生物。

东方白鹳常栖息于湿地湖泊，被誉为"鸟中大熊猫"。

弯嘴滨鹬

潮间带湿地面临的威胁

　　几十年以来，由于人类过度围垦开发、泥沙供给减少、海水污染加剧等原因，黄海、渤海区域的潮间带湿地面积逐渐减少，生态环境质量下降。仅在 20 世纪后期，黄海、渤海的潮间带湿地面积就减少了近 2/3。与此同时，每年途经黄海、渤海区域的迁徙水鸟，特别是迁徙鸻鹬类的种群数量呈现了断崖式的下降。1990 ～ 2010 年，东亚—西澳大利亚迁飞区中的勺嘴鹬种群数量下降了 90% 以上，弯嘴滨鹬下降了近 80%，斑尾塍鹬下降了约 70%。为此，人类采取了各种环境治理及湿地保护措施。

斑尾塍鹬

黑嘴鸥栖息于沿海潮间带湿地

保护中国的海鸟天堂

　　对于众多在东亚—西澳大利亚迁飞区迁徙的候鸟来说，无论是南下，还是北上，中国黄海、渤海地区沿海滩涂都是它们最为重要的中转站，甚至是唯一的停歇地。温暖的气候、充沛的水源、丰富的食物和广阔的潮间带滩涂，为包括鸻鹬类鸟类在内的各种水禽提供了优良的栖息与取食场所。2019年，中国黄（渤）海候鸟栖息地（第一期）作为自然遗产被列入《世界遗产名录》。虽然栖息地丧失的危险已逐渐消除，但是环境污染、互花米草入侵等因素仍在威胁着迁徙水鸟的生存。保护迁徙水鸟及其赖以生存的黄海、渤海滨海湿地任重而道远。

亲近海洋、保护湿地的赶海活动，让人们认识海洋生物的同时，感受海洋生态环境的脆弱及重要性，增强对海洋的保护意识。

北极生命

　　北极地区常年被北冰洋的海冰覆盖，气候极端多变，却孕育了顽强的北极生命。在北冰洋中，生活着多种多样的鱼类和浮游生物，它们不仅吸引了海鸥、海鹦、信天翁、绒鸭等上百种海鸟来这里繁衍生息，还为海象、海豹和鲸等海洋哺乳动物提供了重要的食物来源。这些动物的聚集为北极地区食物链顶端的霸主——北极熊和虎鲸提供了完美的"猎场"。北极地区的生态系统美丽而脆弱，生物链的自我修复能力较差，人类对北极生态的保护刻不容缓。

北极苔原是北极地区的冻土沼泽带，主要由苔藓、地衣、莎草和一些低矮灌木组成，这些植物养育了北极兔、旅鼠等北极食草动物，食草动物又为狼、北极熊、北极狐等食肉动物提供了较为充足的食物来源。

俄罗斯弗兰格尔岛保护区

　　弗兰格尔岛保护区位于俄罗斯东北部的北冰洋中，在东西伯利亚和楚科奇海之间，面积约 1.9 万平方千米，包括弗兰格尔岛和赫拉德岛以及两岛的周围海域，主要保护北极陆上、淡水以及海洋的生态系统。弗兰格尔岛保护区拥有北极最高的生物多样性，栖息着北极地区最多的北极熊，是灰鲸最主要的觅食场，还是游隼等 100 多种海鸟最北的筑巢地。2004 年，弗兰格尔岛保护区作为自然遗产被列入《世界遗产名录》，是地球上地理位置最北的世界自然遗产。

俄罗斯弗兰格尔岛保护区是北极最大的海象群居地，这里聚集了约 13 万只海象。

极北哲水蚤

极北哲水蚤是哲水蚤目哲水蚤科哲水蚤属动物，广泛分布于北冰洋中。极北哲水蚤属于桡足类浮游动物，以滤食北冰洋中的硅藻、细菌和有机碎屑为生。作为北极生态系统中的初级消费者，极北哲水蚤在北极植物和藻类等初级生产者与北极鱼类、鸟类等更高级的消费者之间建立了重要的联系，是研究北冰洋海洋生态变化的重要参照物之一。

极北哲水蚤、拟长腹剑水蚤等桡足类动物是北冰洋浮游动物的最主要类群，它们虽然能够适应各种严酷的自然环境，但是北极地区的气候变化，也会造成桡足类动物种群数量的下降。

极北哲水蚤

北极鳕

北极鳕是鳕形目鳕科极鳕属动物，分布于北极圈、东北大西洋和格陵兰东北部的海域，是一种大洋性鱼类。在北极，北极鳕是许多海鸟和海洋哺乳动物的主要食物，它们又会捕食甲壳动物，处于北极海洋食物链的中心环节。

栖息于巴芬湾冰层之下的北极鳕

小头睡鲨

小头睡鲨是角鲨目角鲨科睡鲨属动物，又称格陵兰鲨，分布于格陵兰和冰岛周围的北大西洋海域。小头睡鲨是北极地区的掠食者之一，多以其他鱼类为食，有时也吃海豹和驼鹿等动物的尸体。小头睡鲨体形巨大，平均体长超过 6 米。小头睡鲨的寿命可达 300 ～ 500 岁，是地球上已知最长寿的脊椎动物之一。

在北冰洋中，桡足类和端足类生物是水母、鲸、北极鳕等动物的美食。各种海鸟、海狮和海豹会在水中或冰面上捕捉猎物。北极食物链顶端的动物包括北极熊、小头睡鲨、虎鲸等。

短尾贼鸥

暴风鹱

北极燕鸥

北极熊

北极苔原

北极兔

刀嘴海雀

北极狐

鞍纹海豹

北极狼

髯海豹

海象

北极鳕

小头睡鲨

白鲸

狮鬃水母

大西洋鲱

北极露脊鲸

南极生命

南极地区陆生动物稀少，而围绕南极大陆的海洋却是一个生机盎然的世界。南大洋动物种类丰富，有海豹、鲸类、鱼类、虾类等海洋动物，以及各种企鹅、南极贼鸥、漂泊信天翁、黄蹼洋海燕等海鸟。在南极海域生活的各种生物互相依存，形成了独特的食物链，浮游生物和虎鲸分别处于食物链的底端和顶端。

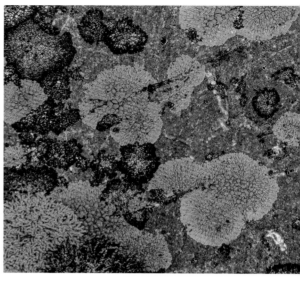

南极生态保护

1998 年，与环境保护有关的《南极条约》生效，这是保护和管理南极洲生物多样性的主要手段。一些国家还通过法律来限制人类在南极的活动，如美国规定向南极洲引入外来植物或动物将会受到刑事处罚。各国还制定了相关的渔业法规，限制针对南极磷虾等南极海域生物的捕捞。但是法律法规并没有杜绝人类在南极海域的滥捕行为，人类对磷虾、小鳞犬牙南极鱼、齿鱼等海洋生物的非法捕捞量一直在增加。在 2000 年，仅针对齿鱼的非法捕捞已超过 3 万吨。对于所有南大洋海域的渔民来说，他们必须考虑自身行动对整个南极生态系统的潜在影响。

气候严寒、干燥、风大、日照少，以及营养缺乏和生长季节短等因素严重限制了南极植物的生长速度，一株 10 厘米高的地衣的寿命可能已经有 1 万年。科学家认为，南极地衣可能是地球上仍保持生命活动的最古老的生物。

2016 年 10 月，南极海洋生物资源养护委员会成员国同意在南极设立面积约 157 万平方千米的海洋保护区，其中 112 万平方千米海域将禁止捕鱼和捕鲸。

日本以"科研"为名，从 1987 年起陆续在南极海域和西北太平洋捕鲸，受到许多国家及动物保护组织的反对和谴责。

南极植物

南极大陆几乎全部被冰雪所覆盖，土壤质量差、水分缺乏和阳光不足等条件抑制了植物的生长。严峻的环境导致南极植物多样性非常低，而且分布极为有限。南极洲有700多种藻类，绝大多数是浮游植物。到了夏季，在海岸边会有种类丰富、颜色多样的极地雪藻和各种硅藻。

极地雪藻含有虾青素和叶绿素，呈红色或粉红色，有时候它们会把南极大陆的冰雪染成粉红色，这种现象又称"西瓜雪"。

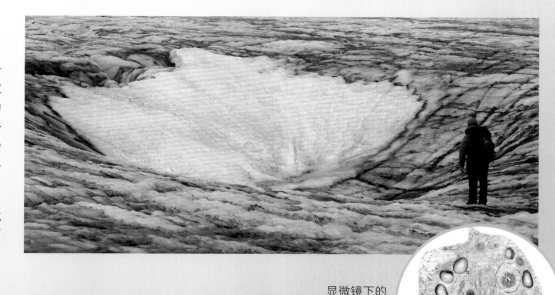

显微镜下的极地雪藻

食蟹海豹

食蟹海豹是食肉目海豹科食蟹海豹属的唯一物种，又称锯齿海豹，分布于南极大陆附近海域。南极食蟹海豹约3000头，占南极海豹总数的90%以上。食蟹海豹大部分时间喜欢待在寒冷水域或浮冰上，它们憨态可掬，无论在冰上还是水里都行动迅速，主要以南极磷虾为食。

食蟹海豹

冰川霞水母

冰川霞水母是旗水母目霞水母科霞水母属动物，全身呈粉紫色，拥有厚实而扁平的线状触角，以南极磷虾、红海星和管居纽虫等底栖生物为食。成年冰川霞水母伞盖直径约1米，伞盖下有8组触手，触须长超过5米。冰川霞水母主要生活在南极附近海域，科学家们曾在南极半岛、南奥克尼群岛和南乔治亚岛的大陆架附近水域及冰川以下发现它们的踪迹。

南极磷虾

南极磷虾是磷虾目磷虾科磷虾属动物，又称大磷虾，分布于南极海域。南极磷虾体长1～6厘米，头部两侧和腹部下方长有球形发光器，一旦受惊，便会发出萤火虫般的磷光，"磷虾"之名便由此而来。南极磷虾大多生活在海洋表层，是鲸类、企鹅、海豹、海狗等南极动物的美食，也是南极生态系统的关键物种。南极磷虾还是人类渔业的捕捞对象，每年有1～1.5万吨南极磷虾被人类捕获。过度捕捞将造成南极磷虾资源匮乏，危及南极动物的生存，对南极的生态系统造成灾难性的破坏。

南极磷虾足部细密的绒毛能够用来过滤食物

冰川霞水母

海洋名片

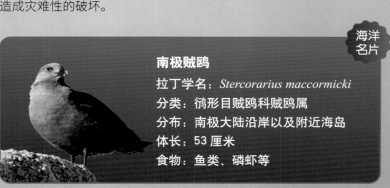

南极贼鸥

拉丁学名：*Stercorarius maccormicki*
分类：鸻形目贼鸥科贼鸥属
分布：南极大陆沿岸以及附近海岛
体长：53厘米
食物：鱼类、磷虾等

海洋生物入侵

　　非本地海洋物种由于自然或人为原因从原海域进入本地海域的过程，称为海洋生物入侵。外来海洋生物一旦进入新的适宜生存的环境中，可能会不受控制地繁殖，大肆抢夺本地海洋生物的食物和其他资源，甚至造成有害寄生虫和病原体的流行，打破本地海域原有的生态平衡和生物多样性。

海洋生物入侵途径

　　海洋生物入侵可以分为自然入侵和人为引进两种途径。海洋生物通过水体流动发生自然迁移，进入新的海域，并且大量繁殖，是自然入侵途径。人类活动造成的海洋生物入侵，是人为引进途径，包括无意引进和有意引进。海洋生物随船只、进出口贸易活动被引入，即为无意引进；各国为了发展经济、生物防治等一系列原因引进外来海洋生物，即为有意引进。

淡海栉水母原生于北美洲与南美洲大西洋沿岸的河口，在 20 世纪 80 年代初意外地经由海船压舱水传至黑海，对当地生态系统造成严重打击。

有毒的米氏凯伦藻

　　米氏凯伦藻为有毒藻类，能分泌血性毒素和鱼毒素，可通过破坏鱼类等生物的鳃部组织造成海洋生物死亡。它最早于 1935 年在日本京都湾被发现，经海船压舱水"潜入"中国境内。米氏凯伦藻是中国近海致灾最严重的肇事藻种之一，先后在广东珠江口桂山岛、外伶仃岛和香港海域造成大面积赤潮。

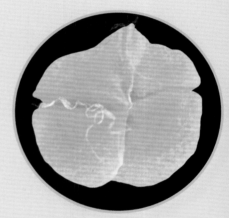

米氏凯伦藻为单细胞生物，细胞近圆形，背腹扁平，常见于温带和热带近海海域。

疯狂的互花米草

　　互花米草原分布于欧洲西部，根系发达，耐盐碱，被视为保护海滩的植物。互花米草于 1963 年被引进到中国江苏沿海地区，1980 年被引进到福建沿海地区。令人意想不到的是在新的海域，由于没有天敌、气候适宜，互花米草迅速生长，使泥滩变为草地，导致贝类、水藻等生物大量死亡，还影响了海带、紫菜的种植和牡蛎的养殖，甚至导致水质下降，诱发赤潮，堵塞航道。

互花米草是耐盐植物，能从土壤中吸取盐分，茎、叶的盐腺可以将多余的盐分排出。

致密藤壶的外壁由钙质板覆盖结合而成；壳口有2对盖板，可以开闭；软体部分在壳内。

中华绒螯蟹成对的螯足，用于取食和抗敌，其掌部内外缘密生绒毛，因此得名。

斑马贻贝是一种小型淡水贝类，因其贝壳上有像斑马一样的条纹而得名。

可怕的致密藤壶

致密藤壶的原产地已无从考证，这个"偷渡客"附着于船底，传播到了全球各海域。致密藤壶看上去像是贝类的一种，其实它是一种节肢动物，雌雄同体，繁殖能力非常强。它们会寄生在鲸和海龟身上，严重时可致动物死亡。它们也会危害海洋上的船只，附着于船底，会使船只航速减低；附着于船只管道内，会缩小管道通路。

远行的中华绒螯蟹

中华绒螯蟹是一种经济蟹类，又称河蟹、大闸蟹，主要分布于亚洲北部、朝鲜半岛西部和中国海域。20世纪初，中华绒螯蟹随海船压舱水入侵到德国，破坏了德国的一些小堤坝，然后沿莱茵河繁殖，如今已遍及欧洲许多国家的水域。

"吐丝"的斑马贻贝

斑马贻贝原分布于黑海地区，经由海船压舱水入侵到英国、加拿大、美国等国家的水系。斑马贻贝的足丝线是一种坚韧、丝状的纤维，可以覆盖住较大的本地贻贝物种，使它们丧失活动能力；还会堆积在浅水表面、沿海的管道和船只设备内，造成经济损失。

玻璃海鞘附着在船底，在全球海域内入侵。其体壁能分泌一种类似植物纤维素的被囊鞘，包围在一些海洋生物体外，抑制它们的生长。

斑节对虾生长快、适应性强、食性杂，是目前全球养殖虾类中养殖面积及产量最大的对虾养殖品种之一。斑节对虾为白斑症病毒等多种病毒的载体，如果在养殖过程中斑节对虾逃逸，可能会对其他原生虾类有致命危险。

海水制盐

中国是世界上利用海水制盐历史最悠久的国家之一。据明代彭大翼《山堂肆考》"煮海"一条中记载，炎帝时期就有"夙沙氏煮海为盐，其色有青、红、白、黑、紫五样"的传说。据研究，海水制盐最早起源于中国山东半岛胶州湾一带，当地的盐民是用火熬海水制盐的鼻祖，火熬法一直延续到明清之际，才逐渐过渡到滩晒法制海盐。中国海南洋浦盐田距今已有1500多年的历史，是中国最后一个保留原始制盐方式的古盐场。现代海水制盐的方法主要有盐田法、电渗析法和冷冻法等，其中盐田法历史最悠久，也是最简便和经济有效的方法，虽然易受到自然界的降水、蒸发、气温和大风等因素影响，但现在仍被广泛采用。世界重要盐场有澳大利亚鲨鱼湾盐场、斯洛文尼亚瑟切乌列海盐场、墨西哥格雷罗内格罗盐场等，中国沿海有长芦盐场、布袋盐场和莺歌海盐场等。

在澳大利亚鲨鱼湾盐场，一个个池塘里浓缩着海水蒸发后留下的海盐晶体，其风景如画，绚丽多彩。

盐田法制盐

　　盐田法又称滩晒法。人们在海岸边修建很多像稻田一样的池子用来晒盐，利用涨潮或用风车和水泵抽取海水到池内，海水会流过几个池子。随着风吹日晒，池中水分不断蒸发，海水中的盐浓度越来越高，最后将浓盐水导入结晶池，使其继续蒸发，盐就会渐渐地沉积在池底，形成结晶，达到一定程度就可以采集盐粒。盐田法制盐的过程包括纳潮、制卤、结晶、采盐、贮运等步骤。

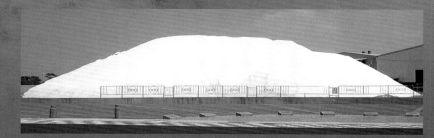

中国台湾布袋盐场

中国福建莆田盐场

中国海南盐田村古盐场

澳大利亚鲨鱼湾盐场

鲨鱼湾盐场位于澳大利亚最西端的鲨鱼湾内，建于20世纪60年代，面积约130平方千米，其中约70平方千米为作业池。鲨鱼湾是全球为数不多的以碳酸盐为主的封闭海水湾，其海水含盐度比海湾外高50%左右，是一个巨大的天然"晒盐场"。鲨鱼湾盐场所在的鲨鱼湾自然保护区，于1991年作为自然遗产被列入《世界遗产名录》。

鲨鱼湾拥有广泛的海草床、儒艮种群、叠层石3个独特的自然特征

中国长芦盐场

长芦盐场位于渤海沿岸，是中国三大盐场之一，也是中国海盐产量最大的盐场。长芦盐场南起黄骅，北到山海关南，包括塘沽、汉沽、大沽、南堡、大清河等盐田，全长370千米，共有盐田约1533平方千米，年产海盐约300万吨。长芦盐场所在地区海滩宽广，泥沙布底，有利于开辟盐田；风多雨少，日照充足，蒸发旺盛，有利于海水浓缩。不仅如此，长芦盐场的盐民拥有丰富的晒制海盐经验，善于利用湿度、温度、风速等气象要素制盐。这些有利条件为长芦盐场大规模发展制盐业提供了良好的基础。

墨西哥格雷罗内格罗盐场

1957年，为了供应美国的氯化钠需求，企业家丹尼尔·路德维希在墨西哥的穆莱赫建立了格雷罗内格罗盐场。盐场充分利用了当地兔眼潟湖的盐分，并逐渐发展成为世界规模最大的盐场之一。格雷罗内格罗盐场位于自然保护区内，盐场的经济实力保护了该地区生态环境，并使得许多候鸟来此栖息。

晒盐池会呈现不同的颜色，这与卤水中的盐类、微生物及卤水的深度等因素有关。日晒时间有长有短，晒盐池就会呈现颜色深浅不一的景象。

据统计，格雷罗内格罗盐场年产量达700万吨，产品曾出口日本、韩国、加拿大及新西兰等位于太平洋沿岸的国家和地区。

海水利用

　　受全球人口不断增长、环境污染日益严重等多方面因素的制约，水资源短缺形势逐渐凸显，向大海要资源的呼声也随之而起。海水综合利用，对于保障沿海城市和海岛的生活饮用水及工业用水的稳定供给十分重要，已经成为当今世界各沿海国家解决淡水短缺、促进经济社会可持续发展的重大议题。海水利用是人类向海洋获取资源的主要方式之一，主要包括海水直接利用、海水淡化和海水化学元素利用等方面。

海水淡化

　　海水的盐度一般在 35‰ 左右，无法直接饮用，将海水中的多余盐分和矿物质去除取得淡水的过程就是所谓的海水淡化。海水淡化的目的是提供饮用水、应对因人口增长或降水减少带来的淡水资源危机。人类从几百年前就开始想方设法从海水中提取淡水，通过加热海水产生水蒸气，冷却凝结就可得到淡水，这是海水淡化技术的开始。目前，海水淡化技术一般分为蒸馏法和膜法两类。沙特阿拉伯是目前世界最大的淡化海水生产国，其海水淡化量占世界总量的 20% 以上。

中国在淡水缺乏的三沙市永兴岛建设了一定规模的海水淡化装置

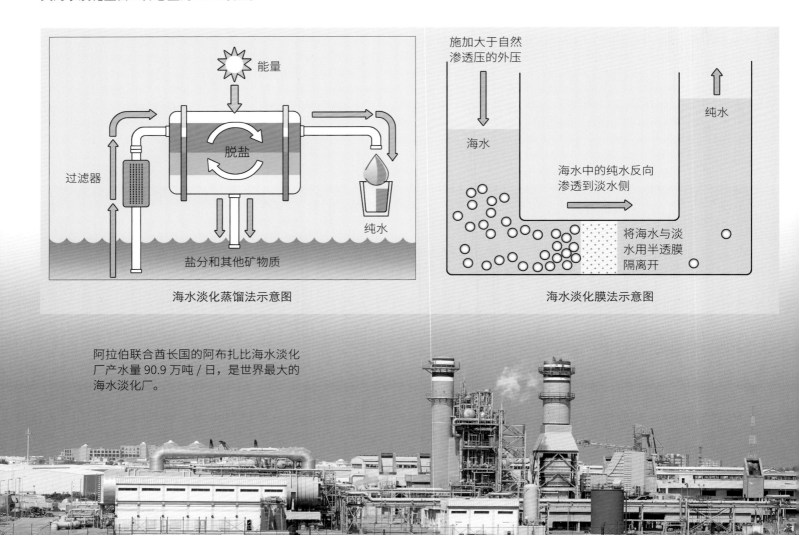

海水淡化蒸馏法示意图

海水淡化膜法示意图

阿拉伯联合酋长国的阿布扎比海水淡化厂产水量 90.9 万吨/日，是世界最大的海水淡化厂。

天津北疆海水淡化工程

北疆电厂海水淡化工程位于天津滨海新区，是中国目前最大的海水淡化项目。北疆电厂利用发电余热进行海水淡化，一期工程可日产淡水 20 万吨，在满足自用的同时可为滨海新区提供淡水资源；二期工程每年可输送淡水 1.5 亿吨。海水淡化后的浓缩海水又可以被引入汉沽盐场制盐，由于浓缩海水的含盐浓度比原海水的高一倍，可以大幅提高制盐效率。一期工程投产后，盐场年产量提高了 45 万吨，同时可节省 22 平方千米的盐田用地。

中国天津北疆电厂海水淡化工程

海水直接利用

海水直接利用是以海水为原水，直接代替淡水作为工业用水、生活用水、农业用水等。工业上用海水进行冷却，如作为核电站冷却系统用水，也可作为印染、制药、制碱、海产品加工的生产用水。农业上海水可用于灌溉耐盐植物，如毕氏海蓬子。利用海水作为生活用水（如利用海水冲厕所）可代替 35% 左右的城市生活用淡水，香港从 20 世纪 50 年代末期便开始采用海水作为冲厕用水，形成了一套完整的处理系统和管理体系，节省了大量的淡水资源。

袁隆平院士和他的团队通过多年的研究，研发了适合在盐碱地和沿海滩涂上种植的"海水稻"，为解决粮食问题提供了新的思路。

中国浙江宁波三门核电站位于三门湾畔，核电站利用当地丰富的海水资源建立了海水冷却系统。

海水化学资源利用

海水中存在 80 多种元素，以氢、氧、氯、钠、镁、硫、钙、钾等较多，是"元素的故乡"。海水化学资源利用技术是直接利用海水中或海水淡化后的浓盐水制盐，提取钾、溴、镁、锂、碘、铀等各种化学元素的技术。盐的用途自不必说，它是我们日常生活中的必需品。海水中其他元素的用途也很广，钾是人体肌肉组织和神经组织中的重要成分之一，有助于维持神经健康、心跳规律正常以及预防中风等；溴常用于制作可以消毒的红药水；利用锂生产的锂电池已经广泛地进入我们的日常生活。

海盐

海水

氯离子 55%（19.25克）

钠离子 30.6%（10.7克）

硫酸根离子 7.7%（2.7克）

镁离子 3.7%（1.3克）

钙离子 1.2%（0.42克）

钾离子 1.1%（0.39克）

其他成分 0.7%（0.25克）

水 96.5%（965克）

盐 3.5%（35克）

海水成分示意图

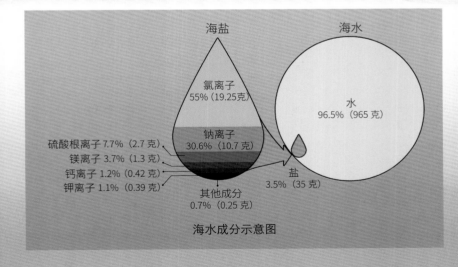

石油

石油是岩层中一种深褐色的黏稠液体，有特殊气味，是以烷烃、环烷烃、芳香烃为主要成分的混合物。大多数科学家认为，石油是远古海洋或湖泊中的动物和藻类遗体经过漫长的演化形成的，属于不可再生资源。公元前10世纪之前，古埃及和古印度等文明古国就开始使用天然沥青。如今石油已经是现代社会非常重要的燃料能源，是"工业的血液"。

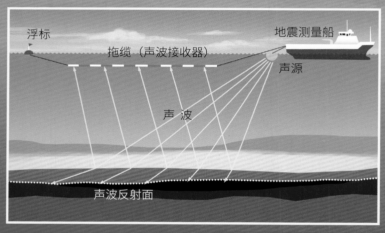

浮标　拖缆（声波接收器）　地震测量船　声源　声波　声波反射面

海上地震勘探原理示意图

海洋石油钻探与开采

通常石油储藏在海洋沉积盆地中，上面覆盖天然气。人们利用物探船向海底发射人造声波，声波遇到石油、天然气和岩层会产生不同频率及振幅的反射波，通过接收和分析这些反射波，可推断油气资源的分布。确定油气资源位置和规模后，人们会在海上建起井架，用钻头凿穿海底岩石，打出通到油层的孔洞，然后将钻杆插入孔内，石油便沿着钻杆被开采出来。

钻井平台　潜浮船体

半潜式钻井平台

将桩靴压入海床泥土中，固定钻井平台。

海底岩层

直升机平台　采油作业平台　备用油管　储油库　远洋石油　输油管　采油管　可升降桩腿　深海远程监测设备　更换采油地点时，桩腿可提升起来，便于石油平台移动。　井口导管　井口　导管底座

海底岩层　油层　气层

采油会产生大量的废气，简单又可以
减少污染的处理方法是点燃后烧掉。

自升式平台属于海上移动式平台，
由于其定位能力强、作业稳定性
好、造价低廉，在大陆架海域的
油气勘探开发中居主力军地位。

在海上钻井开采石油，钻井平台必不可少。在浅海地区，一般
采用自升式平台；在深海地区，需要采用半潜式平台。

油轮

自升式钻井平台带有能自由升降
的桩腿，作业时桩腿下伸到海底，
站立在海床上，利用桩腿托起船
壳，并使船壳底部离开海面一定
的距离。

全球石油分布

　　全球石油资源分布不均衡且相对集中。据 2019
年统计，全球已探明的石油储量约 2306 亿吨，占比
最大的为中东地区。海洋石油资源量约占全球石油
资源总量的 1/3，其中已探明的海洋石油储量约 380
亿吨，处于勘探早期阶段，未来具有较大开发潜力。
目前世界约有 50 多个国家对深海石油进行勘探，美
国、俄罗斯和委内瑞拉是世界上海上采油最早的国
家。2007 年，巴西在其东南部远海水域发现了储量
丰富的石油，这也让巴西从一个贫油国家变为最具
潜力的石油生产国之一。

巴西开采的石油 80% 来自海上油田，其中绝大部分集
中在东南部里约热内卢沿海的坎普斯海盆。2020 年，巴
西的石油生产能力已经达到 500 万桶／日。

输油管可将各钻井平台采集的石油
直接输送到海岸。也可经附近的浮
筒将原油输入油轮，再驳送到海岸。

输
油
管

石油输送和炼制

　　将原油或成品油输送至目的地，通常采用船舶
运输及管道输送。从油井中开采出的石油称为原油，
除含有液态的碳氢化合物外，原油中还含有许多杂
质，很难直接使用。石油炼制大致分为石油的分馏、
催化裂化、延迟焦化、催化重整等加工工艺。通过
高温加热使原油分馏，经冷却后调合为柴油、汽油、
煤油、液化石油气等燃料，还可进一步加工成为润
滑油、沥青等产品。石油计量单位为"吨"或"桶"，
1 吨相当于约 7.2 桶。

波斯湾的石油大多储存在海湾及海湾沿岸约 100 千米的
范围内，有 27 个超过 6.8 亿吨储量的超大型油田，每年
从这里开采并销往世界各地的石油占全球石油出口量的
60% 以上。

海床

天然气

　　天然气蕴藏于地层中，为以烃类为主的混合气体的统称，在石油地质学中通常指油田气和气田气。天然气与石油一般是远古时期植物、动物遗体演变而成的。天然气轻，在上面；石油重，在下面。天然气是优质燃料和化工原料，安全性较高，燃烧后无烟无灰，是相对经济实惠、清洁环保的能源，广泛用于城市工业、交通和居民日常生活中。

满载的储气驳船驶向天然气接收码头

储气驳船

天然气成因

　　天然气成因类型可分为有机成因气、无机成因气和混合成因气。生物遗体沉积到海底，与空气隔绝形成缺氧环境，当温度升高、压力增加到一定程度后，遗体中的有机物经细菌分解并转化为碳氧化合物分子，经过漫长的地质时期，最终生成的天然气为有机成因气。无机天然气属于干气，以甲烷为主。混合成因气是由多种成因类型的天然气混合而成。

油气被传送到储气驳船

油气经导管收集到中转站船

中转站船

输气导管浮标

辅助作业船舶

用于抬升海底输气管线

浮筒

通过管线转送至储气驳船

钻井平台

　　钻井平台收集海底油田各井口采出的油气，简单处理后再通过油轮或管道输送到岸上。

天然气成因示意图

海　洋

死亡海洋生物的遗骸

泥沙

遗骸被泥沙掩埋

天然气

石油

水

海底天然气工作站

井口

井口

井口

封存的井口

　　将已勘探的油气井封存起来，以备将来采气。

油气输送管道

各油井采集的可送往钻井平台的油气

泥浆管道

　　向井口输送泥浆用于填充油气层内的空间，改变局部压强。

天然气性质

　　天然气比空气轻，无色、无味、无毒，不溶于水，主要成分为烷烃，由甲烷及少量乙烷、丙烷、氮气、丁烷等组成。天然气一旦泄漏，会立即向上扩散，不易积聚形成爆炸性气体，安全性相对较高。天然气不含硫、粉尘和其他有害物质，燃烧时产生的二氧化碳少于其他化石燃料。

海底输气管道

通过管道输送到岸边加工厂

天然气加工厂

天然气勘探与开采

天然气和石油一样埋藏在地下封闭岩层，与石油在同一层位或单独存在。与石油在同层的天然气，会伴随石油一起被开采出来。单独存在的天然气又称"气藏"，其开采方法与石油相似，又有其特殊之处。天然气密度小、黏度小、弹性大，一般可采用自喷方式开采。天然气具易燃、易爆的特点且气井压力高，因此对天然气采井的安全要求更高。

LNG 液化天然气船的液舱有隔热结构，以保证液舱低温恒定。

码头

油气分解加工厂

储油罐

天然气散装槽车装运区

天然气接卸泊位

码头有缆绳固定停靠的船舶

储气罐

油气通过管道送往加工厂

集成转运区

天然气加工厂

天然气经液化处理送往用户

全球天然气存储分布

全球天然气储量分布不均衡且相对集中。据统计，2020 年全球天然气探明储量约 188.1 万亿立方米，储量较多的国家有俄罗斯、伊朗、卡塔尔、土库曼斯坦、美国等，其中俄罗斯天然气年产量超过 6300 亿立方米。海洋天然气资源储量约占全球储量的 1/3，主要存在于洋底沉积物以下 200～600 米。中国已探明天然气储量约 13 万亿立方米，渤海、东海、南海及台湾海峡海域的天然气储量约占全国总量的 12%。受工业发展需求增多、气候变化、地区政治冲突升级等因素影响，近年来天然气价格暴涨。

民用天然气存储罐

向城镇用户提供天然气

天然气输送

开采后的天然气被输送至目的地，有油轮运输和管道输送两种方法。将天然气净化处理，通过低温冷却至约 −164℃以下，使其形成液态产物，然后装在液化天然气运输船上送至接收的港口，卸入接收站的低温储罐中储存，通过加热再气化后，以气态形式用管道输送至用户。在海底铺设天然气管道，可将天然气直接输送至目的地。

发电厂等工业企业用户

转送给工业用户

为城市提供电力

可燃冰

可燃冰是由天然气和水在高压低温的条件下形成的类冰状的结晶化合物，又称甲烷水合物、固体瓦斯等。从外形上看，可燃冰就像白色或浅灰色的冰雪晶体，如果有火源，它可以像固体酒精一样被点燃。可燃冰有储量高、分布广、燃烧后几乎无污染等特点，是一种高效的清洁能源。

发现可燃冰

早在 1810 年，法国科学家就在实验室里合成了可燃冰。20 世纪 30 年代，可燃冰作为堵塞高压输气管道的"不速之客"被人们广泛认识。1965 年，苏联在西西伯利亚发现包含可燃冰的麦索雅哈气田。1970 年，美国在布莱克海台发现天然气水合物，这是人类第一次在海底发现可燃冰。

在冰冷的极地地区，可找到可燃冰的"足迹"，有些地方甚至凿开冰面，就可点燃可燃冰。

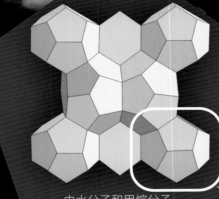

燃烧中的可燃冰

由水分子和甲烷分子组成的可燃冰晶格

可燃冰结构示意图

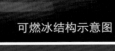

水分子

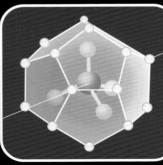

包裹在水分子晶格中的甲烷分子

可燃冰分布

地球的可燃冰储量丰富、分布广泛，通常分布于海洋大陆架外的陆坡、深海和深湖及陆域永久冻土带。根据国际能源网提供的数据，全球可用可燃冰资源储量约 2×10^{16} 立方米，约为剩余天然气储量的 128 倍。专家估计，海底可燃冰资源可供人类使用约 1000 年。中国的可燃冰主要分布于南海海域、东海海域、青藏高原冻土带及东北冻土带，其中南海北坡为可燃冰富集区。

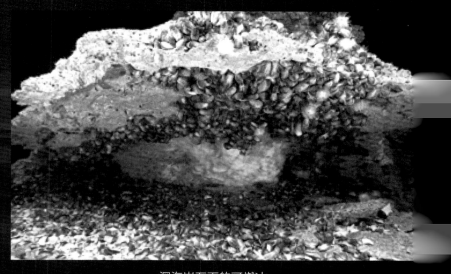

深海岩石下的可燃冰

可燃冰开采

可燃冰是未来很有潜力的重要矿物燃料，但可燃冰的海上开发一直以来受到开采和运输储存等技术的限制。2017 年 5 月，中国在南海北部进行可燃冰试采获得成功，这也标志着中国成为世界第一个实现了在海域可燃冰开采中获得稳定产气的国家。2020 年 3 月，中国可燃冰试采平台"蓝鲸 2 号"创造了产气总量 86.14 万立方米、日均产气量 2.87 万立方米两项世界纪录，实现从探索性试采向试验性试采的跨越。

中国"蓝鲸 2 号"可燃冰试采平台

可燃冰"危机"

可燃冰是甲烷水合物，甲烷是温室气体，对大气的暖化威力比二氧化碳强 23 倍。全球蕴藏着巨量的甲烷，主要分布于西伯利亚沼泽、南北极冰原及海底。全球气候变暖，会促使极地永冻土、湿地和海底的可燃冰融化，甲烷气体大量溢出。因甲烷本身就是温室气体，将促使全球暖化加速，造成恶性循环。科学家发现，有数以百万吨计的甲烷气体，正从北极冰床底部及西伯利亚的永冻层中释放到大气中。

海滨砂矿

海滨砂矿包括金属砂矿和非金属砂矿等，是矿物在滨海环境下富集而成的具有工业价值的砂矿。在 21 世纪初的海洋矿产资源开发中，海滨砂矿资源具有分布广泛、矿种齐全、存储量大、开采方便和易于选矿等优点，其产值仅次于海底石油和天然气。

钻石

金刚石就是钻石，是与黄金齐名的贵重矿物材料。南非是海洋金刚石的主要生产国。

海滨砂矿的种类

海滨砂矿以氧化物为主，其次为氢氧化物，主要种类有锡矿、独居石、金红石、金刚石、刚玉、锆石、钛铁矿、磷钇矿、铌铁矿、尖晶石、钽铁矿以及石英砂等。据统计，全球 96% 的锆石、90% 的金刚石和金红石、80% 的独居石、30% 的钛铁矿都来自海滨砂矿。

石英砂（二氧化硅）属于非金属砂矿，是生产玻璃的重要原料。石英砂中的硅是半导体材料，钟表、计算机、航空、航天等工业领域都离不开硅。

从金红石中可以提炼钛。钛是制造火箭、卫星必需的贵重金属。

金红石

独居石又称磷铈镧矿，名字来源于其晶体常单独出现，是稀土金属矿的主要矿物之一。由于独居石的化学性质比较稳定、密度较大，故常形成海滨砂矿和冲积砂矿。独居石在玻璃和陶瓷生产、电子、激光技术等领域中得到广泛的应用。

锆石是一种硅酸盐矿物，它是提炼金属锆的主要矿石。锆石的化学性质很稳定，所以在海滩和河流的砂砾中也可以见到宝石级的锆石。锆石有很多种颜色，经过切割后的宝石级锆石很像是钻石。

海滨砂矿的分布

　　海滨砂矿是周围江河大量泥沙搬入和海浪等水动力长期分选的产物，广泛分布于沿海国家的滨海地带和大陆架。由各种途径进入海洋的泥沙和尘埃里，包含有各种不同的元素，不同成分的矿物颗粒，密度、比重不同，粒径大小不同，形状也有差别。这些特征各异的矿物颗粒，在波浪、海流作用下，分别聚集沉积在一起，就形成了海滨砂矿床。

澳大利亚锆石砂矿床分布在澳大利亚东、西海岸。东海岸的锆石砂矿南起布罗肯湾，北至克林顿角，延伸 1000 多千米。其中，北斯特拉德布罗克岛上的锆石储量约 322 万吨。

中国的海滨砂矿资源

　　中国是世界海滨砂矿种类较多的国家之一，近 30 年已发现海滨砂矿 20 多个，其中具有工业价值并探明储量的有 13 个。全国有各类砂矿床 191 个，总探明储量 16 亿多吨，矿种 60 多种。中国华南沿海地区海滨砂矿总储量 2720 万吨。辽东半岛沿岸储藏大量的金红石、锆英石、玻璃石英和金刚石等海滨砂矿。胶东半岛处在华北砂金、金刚石砂矿成矿带，主要矿种有金、金刚石等。

广东濒临南海，海滨砂矿主要矿种有锡石、锆石、独居石、磷钇矿、钛铁矿、砂金、石英砂等。

钻石原石

未经雕琢的金刚石

砂金常呈短片状或颗粒状，富集于海滩的砂层中，有分布广、储量大、开采方便的特点。

海底锰结核

大洋底蕴藏着极为丰富的矿产资源，海底锰结核就是其中的一种。海底锰结核主要分布在水深 3000 ～ 6000 米的海床上，以海洋里动物、植物残骸或海底火山的喷出物为核心，凝聚海水里的金属微粒形成矿物颗粒。锰结核的主要成分是锰和铁的氧化物与氢氧化物，含有铜、镍、钴、锂等多种金属元素，又称大洋多金属结核。海底锰结核的生长速度十分缓慢，几百万年只能生长几毫米至 1 厘米。

锰结核多呈球形

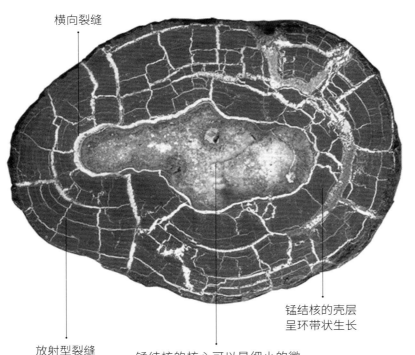

横向裂缝

放射型裂缝

锰结核的核心可以是细小的微生物化石外壳，也可以是磷酸化的鲨鱼牙齿碎片。

锰结核的壳层呈环带状生长

锰结核剖面图

发现海底锰结核

1873 年 2 月 18 日，英国"挑战者号"在非洲西北部的加那利群岛周围海域的海底采集到一些深褐色的物体。经初步化验分析，这些沉甸甸的团块是由锰、铁、镍、铜、钴、锂等多金属的化合物组成的，其中以氧化锰为最多。由此，科学家将这种团块命名为"锰结核"。锰结核的大小差距很大，小的锰结核微小到只能用显微镜观察，大的锰结核直径可以超过 20 厘米。大部分锰结核直径 5 ～ 10 厘米。多数锰结核表面平滑，一些锰结核的表面因长期埋藏在海洋沉积物下面而显得比较粗糙。

储量惊人的锰结核

锰结核的总体资源量十分丰富。21 世纪初，据科学家调查估计，全球锰结核总储量约 3 万亿吨。以当时的世界消费水平计算，这些锰结核可供人类使用 3.33 万年，其中的镍可供人类使用 2.53 万年，钴可供人类使用 34 万年，铜可供人类使用 980 年。同时，锰结核总体资源量在以 1000 万吨 / 年～ 1500 万吨 / 年的速度增长。从 1995 年开始，中国"大洋一号"远洋科学考察船执行了多个有关大洋矿产资源研究开发的专项远洋调查任务，其中就包括对海底锰结核的调查。

"大洋一号"远洋科学考察船

开采海底锰结核

20世纪60年代以后，美国、德国等国家开始重视锰结核的勘探和开采，多个国家和冶金企业进行了锰结核开采试验。20世纪70年代，中国开始对海底锰结核进行调查。1978年，"向阳红5号"海洋调查船在太平洋4000米水深的海底首次捞获锰结核样本。进入21世纪，开采海底锰结核的呼声再度高涨，从锰结核中开采出的钴、锂等材料可被用来制造手机、电脑等电子产品。

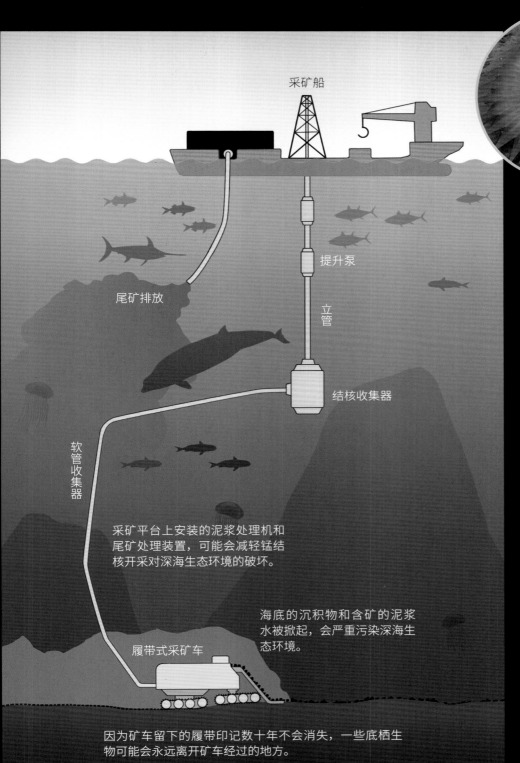

采矿船

提升泵

立管

尾矿排放

结核收集器

软管收集器

采矿平台上安装的泥浆处理机和尾矿处理装置，可能会减轻锰结核开采对深海生态环境的破坏。

海底的沉积物和含矿的泥浆水被掀起，会严重污染深海生态环境。

履带式采矿车

因为矿车留下的履带印记数十年不会消失，一些底栖生物可能会永远离开矿车经过的地方。

珊瑚

海葵

章鱼

深海生态系统的恢复能力很差，锰结核的开采会破坏底栖海洋生物的家园，对海洋生物多样性和深海生态环境造成严重破坏。

科学家在海底将锰结核矿石暴露在外，以检测长期矿物开采对底栖生物和鱼类的潜在影响。

波浪能

海洋波浪运动中，以势能和动能形式周期转换的机械能称为波浪能。波浪能量巨大，自古以来，沿海的能工巧匠想尽各种办法，企图驾驭海浪为人所用。1799年，法国吉拉德父子获得了波浪能利用机械的发明专利。1910年，一位法国人在其海滨住宅附近建了一座气动式波浪发电站，供应其住宅1000瓦的电力。20世纪60年代，日本成功研制用于航标灯浮体上的气动式波浪发电装置，并将这种装置投入批量生产。此后，英国、挪威等波浪能资源丰富的国家，把波浪能发电作为解决能源危机的重要一环。除发电外，波浪能还可用于波浪消波、无人艇推进、海水淡化、制氢等产业。

波浪能是绿色无污染的可再生海洋资源

波浪能发电

利用波浪的动能和势能生产电能的技术称为波浪能发电。波浪能发电装置通过能量俘获机构从波浪中获得能量，再由能量转换机构将波浪中的能量转换成气动、液动、液压或机械的能量，然后通过汽轮机、水轮机、液压马达或传动机构驱动发电机发电。波浪能发电应用广泛，可以用于远海岛屿供电、深远海科考平台供电、海洋牧场供电、海洋观测仪器供电等。中国兆瓦级漂浮式波浪能发电装置包括发电平台、液压系统、发电系统、监控系统、锚泊系统等部件，通过从波浪能到液压能再到电能的三级能量转换，实现将波浪能变成绿色电能。

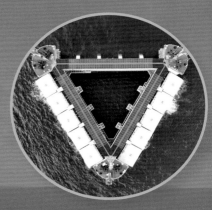

"南鲲号"波浪能发电站在满负荷的条件下每天可产生2.4万度电，大约能够为3500户家庭提供绿色电源，发电容量在同类型设备中处于国际领先地位。

波浪能转换装置

波浪能转换装置种类繁多，目前处于技术成长和探索期，通常按照转换原理分为振荡水柱波浪能装置、振荡浮子波浪能装置、越浪式波浪能装置3类。有些波浪能装置已进入商业试运营阶段。爱尔兰"海洋能源OE12"振荡水柱波浪能装置在戈尔韦湾试验场和爱尔兰科克港进行了测试，并于2019年在夏威夷开始测试500千瓦的全尺寸设备。2018年8月，中国科学院研建的260千瓦鹰式海上可移动能源平台，通过海底电缆成功并入三沙市永兴岛电网，标志着中国成为世界首个能在深远海域布放波浪能发电装置并成功并网的国家。

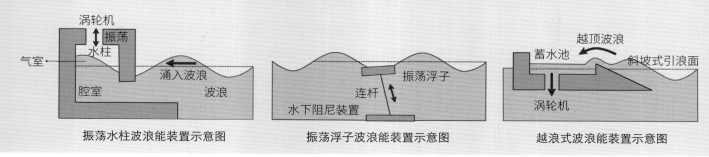

振荡水柱波浪能装置示意图　　　　　振荡浮子波浪能装置示意图　　　　　越浪式波浪能装置示意图

中国"澎湖号"将半潜式波浪能发电平台与养殖网箱结合在一起，形成绿色能源智能养殖平台，并具备海上旅游观光功能，能源供应来源于波浪能和太阳能。

2019年，中国首套浮式防波堤"平波号"在南海海域海试，其巨大的圆形结构可有效地降低透射的波高，消波性能优异。

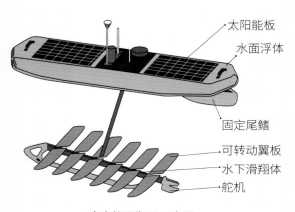

波浪能滑翔器示意图

波浪能滑翔器

波浪滑翔器是一种以波浪动力前进，利用太阳能为仪器通讯、控制、导航、数据采集等供应能量的新型海洋移动观测平台。波浪滑翔器可在高度危险或其他有人平台无法达到的海域活动，延伸有人平台的探测和作战范围，执行隐蔽侦察、警戒探测等任务，能够发挥独特作用。2012年英国杂志《自然》报道，有一款水下滑翔机经过一年多的航行，从美国旧金山到达澳大利亚昆士兰，航行了约16668千米，创下了水下机器人行驶路线最长的世界纪录。中国的波浪能推进水下滑翔器起步较晚，但发展较快。

澳大利亚大堡礁海域的波浪滑翔机

潮汐能

潮汐能是海水周期性涨落运动中具有的能量，又称潮差能。潮汐能是可再生能源，也是清洁能源。在各种海洋能的利用中，海洋潮汐能的利用较为成熟。潮汐能的主要利用方式是发电，潮水的涨落产生的水位差具有势能，可以推动水轮机转动，水轮机再带动发电机产生电能。利用潮汐发电需要具备两个条件：潮汐的幅度必须大；海岸的地形必须能储蓄大量海水，并可以进行土建工程。目前世界上著名的潮汐能发电厂有韩国始华湖潮汐发电厂、法国朗斯潮汐电站、中国温岭江厦潮汐电站等。

潮汐电站中常用的水轮机

2009 年，温岭江厦潮汐试验电站发电量达 731 万千瓦时，创建站 30 多年来最高水平。

中国温岭江厦潮汐电站

江厦潮汐电站位于浙江乐清湾北端的江厦港，始建于 1972 年，1980 年正式投入使用，是中国第一座双向潮汐电站。温岭江厦潮汐电站是中国潮汐发电的国家级试验基地，共安装 6 台双向灯泡贯流式水轮发电机组，总装机容量 3900 千瓦。2009 年，技术人员对电站 3 号和 4 号机组进行技术改造后，电站的自动化水平和安全水平得到全面提高。

韩国始华湖潮汐发电厂

始华湖潮汐发电厂位于韩国京畿道安山市始华湖，装备有 10 台发电机，总装机容量 254 兆瓦，是目前世界规模最大的潮汐发电厂。1994 年，韩国政府在始华湖修筑了一条长 12.7 千米的水坝，导致湖中沉积了大量工业和农业污染物，湖水水质受到严重影响。因此，韩国计划在此建一个潮汐能发电厂，通过大规模的海水流通来改善始华湖的水质。始华湖潮汐发电厂于 2004 年正式开工，2010 年 4 月首批 6 台发电机进入阶段性试运转。据统计，始华湖潮汐发电厂每年可以为韩国减少 1000 亿韩元的石油进口，并减少 32 万吨温室气体的排放。

法国朗斯潮汐电站

　　朗斯潮汐电站是世界第一座大型潮汐电站，位于法国圣马诺湾，海湾最大潮差达13.5米。电站于1959年开工建设，1966年投入商业运行，总装机容量240兆瓦，是当时世界最大的海洋能发电工程，也是世界少有的拥有大潮差优质资源的潮汐电站之一。如今，朗斯潮汐电站不仅是法国布列塔尼地区的主要电力设施，还是法国的工业旅游景点。电站所处的海湾是理想的拦潮坝址，在出口筑坝设闸，投资较少，又能发电，与跨海大桥作用相当，可谓一举两得。

法国朗斯潮汐电站

加拿大安纳波利斯潮汐电站

　　安纳波利斯潮汐电站位于加拿大东海岸的芬迪湾。芬迪湾是世界潮汐能最大的地方，其潮差最大可达18米。电站于1980年开工，1984年投入运行，采用全贯流水轮发电机组，每年发电量约3000万千瓦时，足够4500户家庭使用，是当时世界上单机容量最大的潮汐发电机组。它的建成证明了芬迪湾修建大型潮汐电站的可能性，加拿大因此推进了一系列潮汐电站的兴建。2019年，安纳波利斯潮汐电站正式关闭。

加拿大安纳波利斯潮汐电站

海洋名片

基斯拉雅—库巴潮汐电站
英文名：Kislaya Guba Tidal Power Station
位置：俄罗斯基斯拉雅湾
始建时间：1964年
总装机容量：1700千瓦

潮流能和海流能

潮汐导致的有规律的海水流动称为潮流，产生的动能称为潮流能。海水从一个海域长距离流向另一个海域的流动现象称为海流，产生的动能称为海流能。通常潮流水道较浅且会往复流动，而海流水道较深且朝一个方向流动。将海流和潮流的动能转化为电能是海流能和潮流能主要的利用形式。此外，海流能还能用于浮式结构物漂航、无人艇推进、海水淡化等相关产业。

海流能发电

朝着一个方向接连不断流动的海水推动水轮机转动从而产生电力，是海流能发电的基本方式。海流能发电方式与风力发电机发电方式相似，但是海水的密度约为空气密度的 1000 倍，且发电装置必须放置于水下，故海流能发电存在着一系列关键技术问题，包括电力输送、设备防腐、海洋环境的载荷与安全性能等。海流能发电装置主要有轮叶式、降落伞式和磁流式等。

海流能发电机组

利用海流能发电，需要建立发电机组，包括水轮机、增速装置、发电机、送电电缆等。位于浙江舟山摘箬山岛上的海流能发电机组，是目前中国单机功率最大的海流能发电装备。海水流过去，约一半的能量可以被机组提取出来。机组中还有一个由 3 片扇叶组成，一半浸在海中、一半露出海面的"水下风车"，其动力来源于海流，噪声小，无需修建大坝，可以保护生态环境。

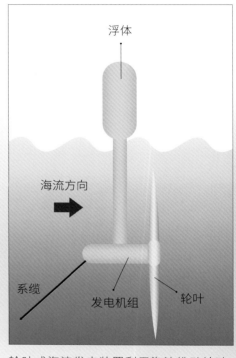

轮叶式海流发电装置利用海流推动轮叶，轮叶带动发电机发电。

海流能发电机组示意图

潮流能发电

潮流能发电需要在海上安装潮流能转换装置,用水轮机组发电。潮流能发电装置包括海上支撑结构和发电机组两个部分,世界潮流能年发电储量约50亿千瓦时。潮流能发电站不同于潮汐能发电站,一般无须筑坝,对生态环境和水生动物的影响相对较小。2022年2月,海洋潮流能发电机组"奋进号"在中国舟山岛海域建成。

潮流能发电装置

固定式潮流能发电装置

固定式潮流能发电装置分为打桩至海底的柱基式和整体下沉至海底的座底式两种。"奋进号"潮流能发电机组位于中国浙江舟山群岛中部岱山县秀山岛,属于固定式潮流能发电装置。这是世界首台3.4兆瓦模块化大型海洋潮流能发电机组,也是中国首台自主研发的装机功率最大的潮流能发电机组,连续发电并网运行时间保持世界第一。

"奋进号"潮流能发电机组

漂浮式潮流能发电装置

发电机组安装在漂浮式载体平台上,平台由锚链和锚固定在海床上,就是漂浮式潮流发电装置。漂浮式潮流能发电装置"海能Ⅰ号",是中国首座漂浮式立轴潮流能示范电站。"海能Ⅰ号"机组以总成平台系统为基础,总成平台长70米,宽30米,平均高20米,重达2500吨,可抵抗16级台风和4米巨浪。其垂直轴水轮机组悬挂于双体船上直驱发电,水平流动的海水驱动水轮机旋转产生机械能,再通过发电机转化为电能。

渤海海峡老铁山水道为中国潮流高能密度区,具有良好的潮流能开发利用前景。

海洋风能

　　海洋风能是由海洋表面大量空气流动所产生的动能，是太阳能的一种转化形式，也是一种清洁的可再生能源。人类对海洋风能的利用有着悠久的历史，帆船和风车便是古代人类发明的风力装置。自20世纪70年代末期以来，世界主要的发达国家和一些发展中国家，都开始重视海洋风能及海上风力发电的开发利用，中国是目前世界海上风电规模最大的国家之一。海洋风力发电是低污染、高产出、技术含量高的新兴产业，代表着未来电力行业的发展趋势。

电机

风轮

陆地表面不平，有高有低，对风力、风向有很大影响。海面与陆地相比，起伏较小，大气较稳定，所以海上风速大且相对连续平稳。

海上风机的支撑技术主要有底部固定式支撑和悬浮式支撑两类

海洋风力发电

　　海洋风能的主要应用之一是海洋风能发电，是将海风的动能转化为机械能。海洋风力发电的原理比较简单，让海风带动风轮，利用风轮带动发电机就可以发电了。海上风机是在陆地风机基础上，为适应海洋环境发展起来的发电机，通常设置在大陆架上，其特点为翼尖速度高、变桨速运行、桨叶数量少、采用永磁式发电机、线绕高压发电机等。海洋风能是一种高效的清洁能源，设备远离人类聚居区，对日常生产生活影响较小。到目前为止，海洋风力发电成本依然较高，而且海洋风力发电厂对船只航行、渔业发展及区域内底栖海洋生物多样性都会造成一定的影响。

2022年，中国首台深远海浮式风电装备"扶摇号"从广东茂名广港码头拖航，前往罗斗沙海域进行示范应用。

海上风力发电场

在一个海上风场设置几十甚至上百台风力发电机，将它们安装在风力资源好的地方，按照地形和风向排成阵列，这样就构成了一个海上风力发电场，也称"风力田"。海上风力发电场分为海上固定式风电机组与海上浮式风电机组。固定式风电机组采用固定式支撑结构，与海底直接相连；浮式风电机组将塔柱安装在浮式基础上，再通过系泊系统连接到海底。

2008 年，世界第一个浮式风电设备在挪威沿海建成。

丹麦温德比海上风力发电场

温德比海上风力发电厂位于丹麦罗兰岛的温德比海岸，于 1991 年建成，是世界第一座海上风力发电场。温德比海上风力发电场总装机容量 4.95 吉瓦，有 11 台风机，建于水深 2.5～5 米的近海海域，机组离岸距离 1.5～3 千米。温德比风电场风雨无阻地运行了 26 年，于 2017 年退役。

丹麦是世界最早进行风力发电研究和应用的国家之一

中国东海大桥海上风力发电场

东海大桥海上风力发电场位于中国上海浦东新区临港新城至洋山深水港的两侧，始建于 2005 年，一期工程于 2010 年完工。发电场总装机容量 100 兆瓦，年发电量 2.67 亿千瓦时，共有 34 台风机。东海大桥海上风电场是中国自行设计、建造的首座大型海上风力发电场，是中国第一座海上风电场，也是亚洲第一座大型海上风电场。

上海东海大桥风电场

英国霍恩西二号风力发电场

英国是欧洲海上风电规模最大的国家，截至 2021 年，英国海上风电设备总装机容量超过 12 吉瓦，位居世界第二。霍恩西二号风力发电厂位于英国约克郡海岸约 90 千米处，占地面积约 400 平方千米。霍恩西二号风力发电厂始建于 2012 年，于 2022 年正式投入运营，发电场有 165 台风机，总装机容量 1.8 吉瓦，能够为 130 万户家庭供电，是目前世界规模最大的海上风电场。

英国霍恩西二号风力发电场

中国南海诸岛具有利用海洋热能的良好条件，是温差能发电的天然场所。

海洋热能

　　海洋中蕴藏着丰富的热能，海洋热能主要来自太阳能。海洋热能的成因包括海洋表层吸收并储存的太阳辐射能、海洋热流汇入、海洋生物矿石的化学能释放转换成的热能等。海洋温差能是海洋热能的主要表现形式。印度尼西亚东部、大洋洲北部各群岛地区及中国南海海域具有利用海洋热能的良好条件，是全球温差能资源能量密度最大的地区。海洋热能被利用后可以立即得到补充，很值得未来开发利用。

海洋温差能

　　1881 年，法国物理学家阿尔塞纳·达松瓦尔首次提出海洋温差能发电的构想。海洋表层温海水与深层冷水间存在的温度差中蕴藏着巨大的能量，称为海洋温差能。在热带和亚热带海域，海洋表面收集和储存了大量的太阳辐射能。冷海水密度大，海洋深层 1000 米以下的海水温度常年保持在 4℃～ 10℃，海洋表层与深层之间自然出现随深度增大而增大的温差，一般海水温差约 20℃。海洋温差能非常稳定，全球每年可开发的海洋温差能在 100 亿千瓦时左右。

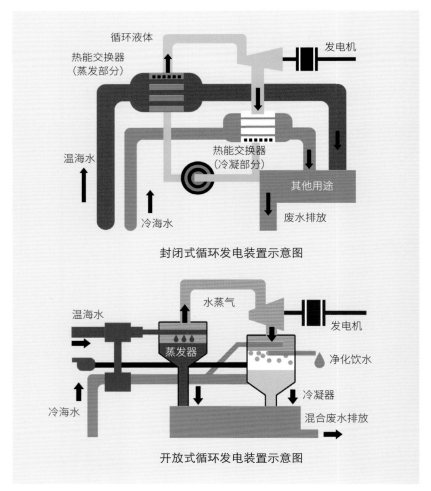

封闭式循环发电装置示意图

开放式循环发电装置示意图

温差能发电

采用热机组成的热力循环系统，将海洋温差能转换为电能，是温差能发电的基本原理。典型的海洋温差发电系统由热蒸发器、冷凝器、发电机组等组成。海洋温差能发电装置可分为开式循环、闭式循环和混合式循环。1930年，法国工程师乔治·克劳德在古巴建造了世界第一座海洋温差能发电厂，但是其发电系统所耗电力比其所发出的电力更大。1979年，美国在夏威夷沿海成功搭建了第一座海洋温差能转换试验性电站，这是人类历史上第一次通过海洋温差能得到具有实用价值的电能。海洋温差能是一种稳定且储量巨大的可再生能源，是世界清洁能源发展的潜力方向之一。中国在海洋温差能及低温海水利用研究方面尚处于起步阶段，技术与应用研究空间广阔。

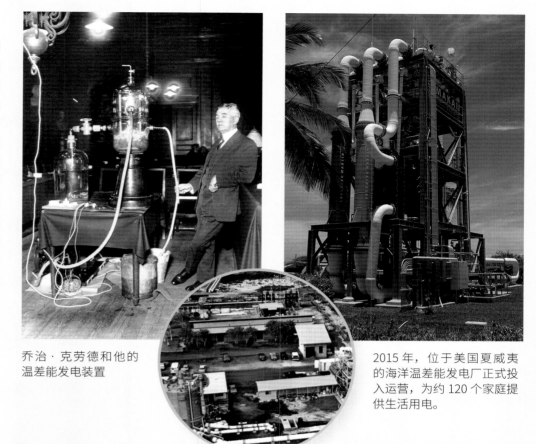

乔治·克劳德和他的温差能发电装置

2015年，位于美国夏威夷的海洋温差能发电厂正式投入运营，为约120个家庭提供生活用电。

温差能水产养殖

海洋温差能发电技术除了可产生电力，满足日益短缺的能源外，还可用于海水养殖。人们在利用温差能发电时，必须从海洋深处抽取大量的深层冷海水，这些深海水比表层海水具有更丰富的硝酸盐、磷酸盐和硅酸盐，而这些正是浮游植物生长所必需的营养盐类。

将深层冷海水与常温海水混合开展海水养殖，能够提高水产养殖生产效率。

海洋生物制药

海洋环境具有高盐、高压、低温、缺氧等与陆地环境不同的特点，在此特殊的生长环境中，海洋生物形成了与陆地生物不同的代谢途径和机体防御机制，它们的化合物结构独特、生物活性多样，有丰富的药用价值。海洋生物制药是以海洋生物为原料提取有效成分，进行海洋药品与海洋保健品的生产加工及制造活动。根据中国现行的《新药审批方法》，海洋生物药物可分为中药、化学药、生物制品。中国是世界最早研究和应用海洋生物药物的国家之一，至今已有2000多年的历史。中国最早的医药文献《黄帝内经》中就有饮鲍鱼汁治疗血枯的记载。

海藻制药

自古以来海藻就是药用植物。中国明代李时珍编写的《本草纲目》中，列举了海藻的药用价值。现代医学通过科技手段，将海藻中的生物活性物质提取出来，合成各种药物。海藻中的多卤多萜成分有提高人体免疫力、抗癌、抗病毒的活性。海藻多糖可以降低血管中导致动脉粥样硬化的脂质含量，以及治疗心脑血管疾病。螺旋藻中的 β−胡萝卜素可以保护人的视力。

海藻中的甘露寡糖二酸是一种海洋寡糖类分子，在一定程度上可以减缓阿尔茨海默病的病程进展。

从褐藻中提取的褐藻多糖有抑制癌细胞转移和生长等功效，还能提升人体免疫细胞功能。

海藻的药用价值很高，被人类广泛种植。海藻中含有铁、锌、硒、钙等多种微量元素，这些元素与人的生理活动有密切联系。

海洋抗肿瘤药物

海洋抗肿瘤活性物质一直是海洋药物研究的重点，目前已经被人类发现的海洋抗肿瘤活性物质有数千种，如核苷酸类、聚醚类等化合物。虾、蟹、海绵、海鞘等海洋生物的体内都可以分离出抗肿瘤活性物质。

鲨鱼肝油胶囊

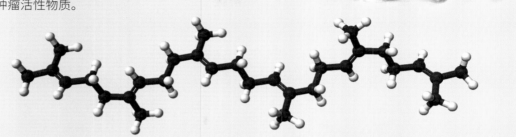

角鲨烯因最初从鲨鱼肝油中提取而得名，是一种开链三萜类化合物，具有增强人体免疫能力、抗肿瘤等多种功效。

海洋抗菌药物

许多海洋生物具有抗菌活性物质，其中海洋微生物是海洋抗菌类物质的主要来源。科学家研究发现，有约 27% 的海洋微生物具有抗菌活性，它们是细菌的"克星"。通过有氧发酵冠头孢菌获得的抗生素，制成的药物"头孢菌素 C"具有对抗细菌感染的作用。采用全合成技术，对海绵核苷类化合物进行结构优化，可制成具有抗病毒感染作用的"阿糖腺苷"类药物。

从海绵中收集到的多种真菌

1945 年，科学家在意大利萨丁岛海岸的排污口找到了一种能产生抗菌物质的顶头孢。后来科学家又发现顶头孢的分泌物可以抑制沙门氏菌的活性，这就是现代头孢类药物的雏形。

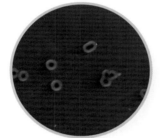

沙门氏菌

海洋生物制药的可持续发展

活性物质在海洋生物体内的含量极其微小，价格也极其昂贵，为获得这些物质而大量采集海洋生物，会使生物种群数量减少，严重时还会让海洋生物面临灭绝的威胁。为了使海洋生物制药产业实现可持续发展，我们可以采取多种有效措施。科学家们通过基因工程、细胞工程、酶工程等手段，人工培育出生长快、抗病性强的海洋药材品种，并利用生物技术防治海洋药材在人工养殖中产生的病虫害，能够降低海洋生物制药对海洋生物种群的影响，实现高效、环保的可持续发展。

科学家通过基因工程克隆并改造海葵毒素，在此基础上研发出治疗心脏病的新型药物，有起效快、作用强、副作用小等特点。

跨海大桥

为了跨越海湾、海峡或连接近岸岛屿，人类在海上建造了各种桥梁。中国北宋时期修建的洛阳桥跨江接海，可视为跨海桥的先驱。1826年，英国在梅奈海峡建造了跨度176米的链式悬索桥，至今仍存。1937年，美国在旧金山湾建成主跨1280米的金门大桥，这是第一座现代化的跨海大桥。跨海大桥具有建设规模大、深水基础施工难度高等特点。有的跨海大桥长达数十千米，由多个桥中桥组成；有的跨海大桥的某一部分采用海底隧道工程，集"桥、岛、隧"于一体。跨海大桥连接两岸，极大地方便了人们的出行和交通运输。

英国梅奈悬索桥

中国杭州湾跨海大桥

中国杭州湾跨海大桥是连接嘉兴和宁波的跨海交通工程，于2003年11月开工建设，2008年5月通车，全长36千米。杭州湾跨海大桥包括北引线、北引桥、北航道桥、中引桥、南航道桥、海中平台、南引桥和南引线等沿线设施，桥面为双向6车道高速公路。

杭州湾跨海大桥建成后，缩短了宁波、舟山与杭州湾北岸城市的距离，降低了交通运输成本，提高了交通运输效率。

中国港珠澳跨海大桥

中国港珠澳跨海大桥是连接香港、珠海和澳门的跨海交通工程，跨越伶仃洋，东接香港口岸人工岛，西接广东珠海和澳门人工岛，于2009年12月开工建设，2018年10月通车，桥隧全长55千米。港珠澳跨海大桥主体工程采用桥、隧、岛组合方案及双向6车道高速公路标准建设。大桥的设计使用寿命为120年，工程项目总投资额1269亿元。港珠澳跨海大桥有世界最长的沉管隧道，也是世界跨海距离最长的桥隧组合公路。

港珠澳大桥全路段呈"S"形曲线，其主桥为三座大跨度钢结构斜拉桥。

伶仃洋是珠江流域最大的喇叭状河口湾，属热带和亚热带河口区，海洋生物资源非常丰富。

美国旧金山–奥克兰海湾大桥

美国旧金山–奥克兰海湾大桥连接旧金山、耶尔巴布埃纳岛及奥克兰，于1933年开工建设，1936年通车。旧金山–奥克兰海湾大桥由西桥、东桥两部分组成。西桥是由4座索塔组成的悬索桥，东桥为悬臂桥。大桥长约4470米，宽78.74米，是目前世界上最宽的桥梁。

旧金山–奥克兰海湾大桥东段桥

欧洲厄勒海峡大桥

欧洲厄勒海峡大桥是连接丹麦哥本哈根和瑞典马尔默的跨海交通工程，于1995年开工建设，2000年7月通车，工程总长16.4千米。厄勒海峡是丹麦和瑞典的天然分界线，是波罗的海最深的水道，也是连接波罗的海和北海的主要通道。厄勒海峡的战略地位非常重要，丹麦规定，任何外国潜艇经过厄勒海峡时，都必须浮出水面。

厄勒海峡大桥将丹麦东部地区和瑞典南部地区连接起来，使大桥周边地区成为北欧及波罗的海地区经济活跃、文化交流频繁之地。

加拿大联邦大桥

加拿大联邦大桥连接爱德华王子岛与新不伦瑞克省，是一座横跨诺森伯伦海峡的跨海公路大桥。联邦大桥全长12.9千米，仅有双线车道，无分隔带，车道宽3.75米，每侧有路肩，宽1.75米。1997年，联邦大桥正式建成通车，总耗资4.6亿美元。

加拿大联邦大桥采用超大预制块技术，有"现代桥梁工程巅峰之作"之称。

海洋
名片

明石海峡大桥

英文：Akashi Kaikyo Bridge
位置：日本兵库县淡路市
桥型：悬索桥
全长：3911米
开通日期：1998年

海底工程

为开发和利用海底资源，人类在海底兴建了海底隧道、海底储油库、海底公寓、海底光缆和管线等工程。有些国家的一些军事工程和防空工事也建在海底，这些海底军事设施有固定的也有活动的，以进一步增强其隐蔽性和机动性。有些国家将核电站建在海底，还建造了用于掩埋核废料的海底洞库。海底工程的建造加大了人类开发和利用海洋的力度，但同时也产生了一系列的问题，如海洋环境遭到破坏、各国安全受到更大威胁等。

印度尼西亚"新加坡—印度尼西亚雅加达海底电缆"邮票

海底电缆

1850 年，盎格鲁—法国电报公司在英国与法国之间铺设世界第一条海底电缆，用于发送莫尔斯电报密码。1876 年，亚历山大·贝尔发明电话后，海底电缆具备了新的功能，各国大规模铺设海底电缆的速度加快了。1902 年，环球海底通信电缆建成。中国第一条海底电缆于 1886 年铺设，电缆由台湾台南通往澎湖，主要用于发送电报。中国第一条现代海底电缆于 1988 年建成，电缆连接福州川石岛与台湾淡水。

通常海底电缆维修由人工完成

海底公寓

依靠当今的科学技术，人类能够建造出大型海底居住设施，以满足一些科技人员、潜水员、海洋爱好者的居住要求。海底公寓可以建在大陆架、大洋底和水下山脊的任何地方。美国曾在水深 900 米的海底安装了借助深水装置服务的固定居住设备，以后还将设置完整的深海海底基地网，并提出建造海底城市的构想。

朱尔斯水下旅馆位于美国基拉戈岛，其前身是一间海底生态研究室，1986 年研究室搬迁，遗留的海底建筑被改建为海底旅馆。

美国"宝瓶宫"水下科学实验室总重 81 吨，这座实验室除了用于海洋环境研究，保护海洋生态系统之外，也是训练专业潜水员和航天员的场所。

海底储油库

利用海底建立石油、天然气等资源的贮存体系，可达到在自然条件下分类贮存、管理资源的目的，还能在海上为本国潜艇、舰船加注和供给燃料。有些国家已将海底开采的石油贮存于海底油库，并且分别在大洋中的几个海域建立了海底储油库，这些油库已投入使用多年，现正在继续发展。但是，海底储油罐的建造周期较长，且要求海底比较平坦，目前还没有得到广泛应用。

海底光缆

1989 年，跨越太平洋的海底光缆建设成功，标志着海底光缆在跨越海洋的洲际海缆领域取代了同轴电缆，远洋洲际间不用再敷设海底电缆。海底光缆是随着光纤技术的发展而发展起来的，它造价低、通信容量大，具有抗干扰、耐高温、易弯曲等优点。现在，全长3.9万千米的海底光缆就像分布在地球上的密密麻麻的血管，将33个国家联系在一起。世界海底光缆加起来其长度可绕地球22圈，99%的国际数据都靠它们传输。海底光缆系统主要用于连接光缆和互联网，分为岸上设备和水下设备两部分，海底光缆是水下设备中最重要也最脆弱的部分。

海底储油罐可以避开海面波浪的冲击，减少水平力的作用，还可以与火源隔绝，比较安全。除此之外，海底储油罐还有不受天气影响，维持费用较低的优点。

敷设海底光缆无须挖坑道或用支架支撑，投资比较少，建设速度快，同时海底光缆大多在一定深度的海底，不受风浪等自然环境的影响和人类生产活动的干扰，安全稳定性好。

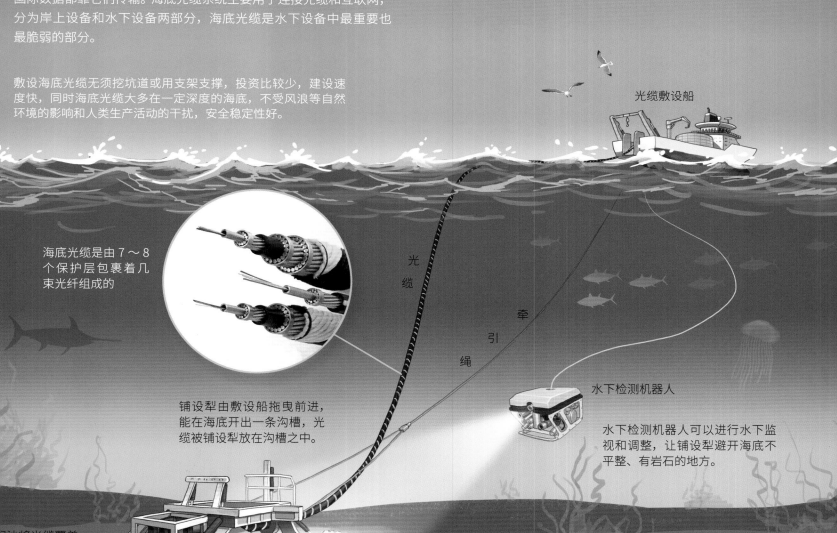

光缆敷设船

海底光缆是由 7～8 个保护层包裹着几束光纤组成的

光缆

牵引绳

水下检测机器人

水下检测机器人可以进行水下监视和调整，让铺设犁避开海底不平整、有岩石的地方。

铺设犁由敷设船拖曳前进，能在海底开出一条沟槽，光缆被铺设犁放在沟槽之中。

泥沙将光缆覆盖

犁在海底划开一条沟槽

海底隧道

日本关门海峡隧道修建于 20 世纪 40 年代，是世界上最早的海底隧道。1994 年，横跨英吉利海峡的英吉利海峡隧道开通，人们由欧洲大陆往返英国的时间大大缩短。海底隧道具有不占地、不妨碍航行、不受风雪雨雾等气象条件影响的优点，是一种安全的全天候海峡通道。世界上重要的海底隧道还有挪威吕菲尔克隧道、美国耶巴布纳岛隧道、日本青函海底隧道、中国港珠澳大桥海底隧道等。

法罗群岛"伊思特洛伊海底隧道"邮票

建造海底隧道

海底隧道的建造方法有钻爆法、沉管法、掘进机法和盾构法等，其挖掘方法取决于对地质条件、隧道结构特征、造价等各方面的综合因素。海底隧道一般分为在海底表面和海底地层之下两种类型。在海底表面建造隧道用沉埋管道法，将预制好的钢筋水泥管道敷设于海底的地面上，用特殊的钢架固定在海床上。在海底地层中建造隧道需在海底的地下用钻机打洞，然后用钢筋水泥加固。现在也有人提出利用阿基米德原理，把管道设在海上的构想。

大型海底隧道所需投资巨大、技术复杂、研究工作周期漫长，对社会、政治、经济等有重大影响。

中国港珠澳大桥海底隧道

港珠澳大桥海底隧道两端分别由两座人工岛连接大桥主体，并由 33 节巨型沉管和 1 个合龙段接头共同组成，沉管总长 5664 米。建造港珠澳大桥海底隧道采用了沉管法，工程人员利用海水浮力将这些巨型沉管推到海面指定位置，往沉管内灌水使其下沉插入海底，就位后将沉管一节一节地拼接安装固定，将管内的水抽干再浇筑混凝土。中国港珠澳大桥海底隧道是世界上建设难度最大的海底隧道工程之一。

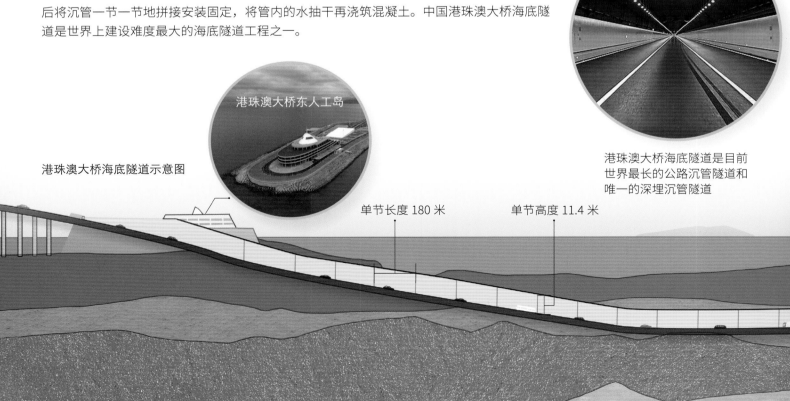

港珠澳大桥海底隧道示意图

港珠澳大桥海底隧道是目前世界最长的公路沉管隧道和唯一的深埋沉管隧道

单节长度 180 米　　单节高度 11.4 米

日本青函海底隧道

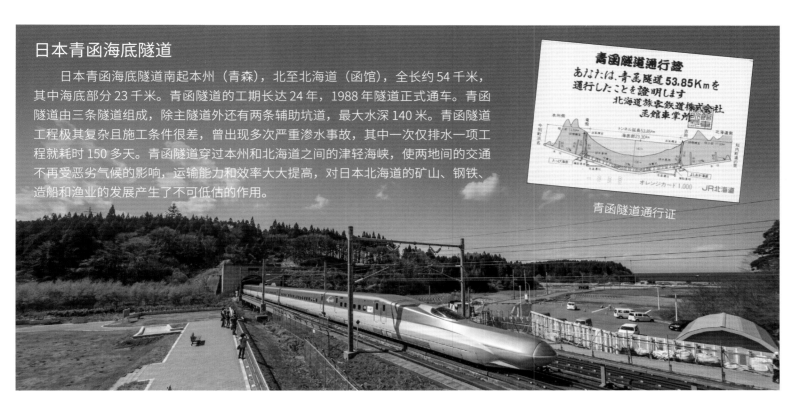

日本青函海底隧道南起本州（青森），北至北海道（函馆），全长约54千米，其中海底部分23千米。青函隧道的工期长达24年，1988年隧道正式通车。青函隧道由三条隧道组成，除主隧道外还有两条辅助坑道，最大水深140米。青函隧道工程极其复杂且施工条件很差，曾出现多次严重渗水事故，其中一次仅排水一项工程就耗时150多天。青函隧道穿过本州和北海道之间的津轻海峡，使两地间的交通不再受恶劣气候的影响，运输能力和效率大大提高，对日本北海道的矿山、钢铁、造船和渔业的发展产生了不可低估的作用。

青函隧道通行证

英吉利海峡隧道

穿过海峡在英国与法国之间建立固定通道的构想，可以追溯到19世纪初的拿破仑一世时代。由于军事、政治等原因以及国际局势的变化，英吉利海峡隧道工程终于在1987年破土动工。在1994年海底隧道的通车典礼上，当时的法国总统弗朗索瓦·密特朗和英国女王伊丽莎白二世在隧道两端共同主持了通车剪彩仪式。英吉利海峡隧道全长50.5千米，其中海底部分长37千米，单程通行需要35分钟。

英吉利海峡隧道建造工程在技术上要求可靠、先进，工程师们将成熟的先进技术在复杂的工程中成功地加以综合应用，减小了工程风险。

英吉利海峡隧道剖面示意图

铁路隧道　通风管　服务隧道　通风管　铁路隧道

英吉利海峡隧道共有3条隧道，服务隧道位于铁路隧道中间，并由通风管相连。这是应对列车运动时压力变化的必要措施。

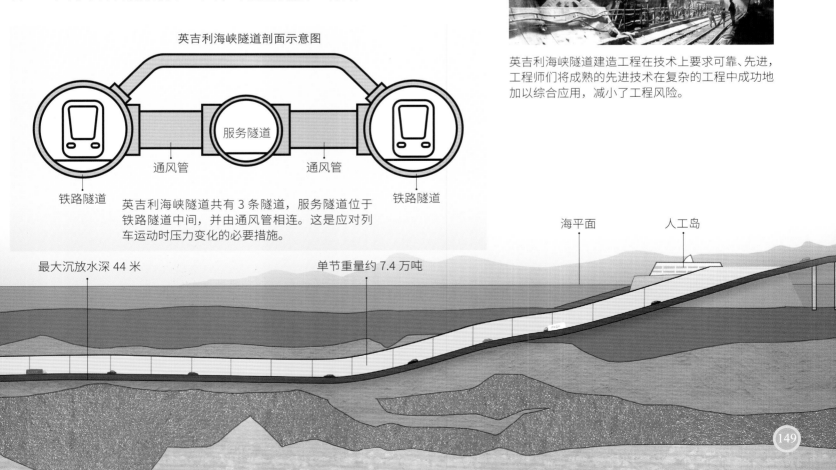

最大沉放水深44米　　　单节重量约7.4万吨　　　海平面　　人工岛

古船扬帆

人类在遥远的古代就开始了航海活动。新石器时代，出于交通和索取水产资源的需求，基于对木头浮出水面的观察，人类发明了最早的水上交通工具——独木舟及竹（木）筏。随着生产力的进步，人类又发明了木板船。在木板船的基础上，人们不断改进造船技术，同时大力发展桨、帆、舵、碇和锚等船舶辅助工具，中国逐步形成了以"福船""广船"和"沙船"为代表的三大船型，国外则发展出了桨帆船、维京船、盖伦船和克拉克船等。造船和航海技术的进步，使人类探索的地域更加广阔，贸易的交流更加频繁，促进了不同文明之间的交流和融合。

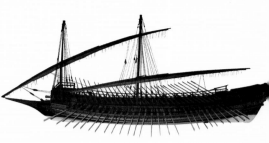

法国 18 世纪制造的"太子妃号"桨帆船

刳木为舟

独木舟的制造和使用，标志着人类最早的船舶的诞生。制造独木舟时，首先将合适的树木砍倒，去除枝叶，留下主干，然后将需要保留的地方涂上湿泥巴，将需要挖去的地方用火烧焦，使之变成较为松脆的碳木。最后用石斧凿挖，即刳制而成。中国浙江居民依赖独木舟进行交通运输和生产生活的历史可追溯到距今 7000 ～ 8000 年前，2002 年浙江跨湖桥遗址出土的独木舟，是迄今人类发现的世界上最早的独木舟之一。

竹筏有吃水小、浮力大、稳定性好、制作简便等优点

这条独木舟出水于广东两江流域，经碳十四检测，考古学家确认它建造于中国隋唐时期。

桨帆船

桨帆船是一种主要以人力划桨驱动的船舶，最初出现在距今约 4000 年的地中海地区。桨帆船的特征是有细长的船体、较浅的吃水线并安装有船帆，这使得桨帆船在顺风下航行时节省人力。桨帆船以船体轻快著称，通常在战争与贸易中使用。桨帆船在早期的地中海海战中有着重要的地位，古代腓尼基、迦太基、罗马的战争中都使用过桨帆船。

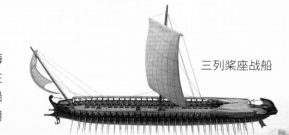

三列桨座战船

1571 年勒班陀海战时，奥斯曼帝国海军与罗马教廷、西班牙等势力组成的联合舰队共派出了近 500 艘桨帆船参战。这次战役后，人们发现以风帆作动力的战船更具机动性，更适合于作战。勒班陀海战标志着桨帆船时代的结束，风帆战船和舰炮时代的到来。

楼船

楼船是中国春秋战国时期百越人发明的大型战船，因船高首宽、外观似楼而得名。楼船船大楼高，承载量及撞击力均属上乘，远攻近战皆适宜，因此成为古代水战的主力船。公元 280 年，西晋名将王濬率领大军，乘坐楼船从四川顺流而下，熔毁横江铁链，攻取石头城（今南京）。东吴末代皇帝孙皓投降，西晋完成统一。

楼船模型

维京长船

维京长船是斯堪的纳维亚半岛和冰岛的维京人使用的贸易、探险及战斗用船，其材料主要取自高大笔直的橡树。维京长船有吃水浅、速度快、转向灵活等特点，十分适合用于远征异地时进行突袭式的劫掠活动。维京人在 8～11 世纪一直侵扰欧洲沿海和不列颠岛屿，足迹遍及从欧洲大陆至北极的广阔疆域，靠的就是维京长船，欧洲也称这一时期为"维京时代"。

维京长船两端的对称设计，可以让船不用转弯就能迅速反向航行，这种特征在冰山和海冰遍布的高纬度水域特别有用。

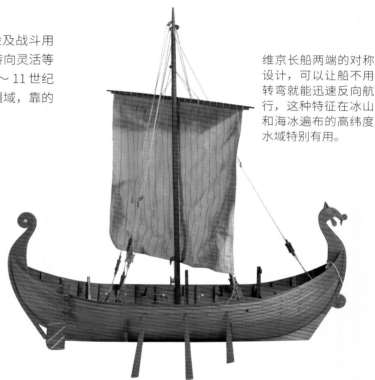

这幅挂毯描绘了维京长船入侵英格兰的情景

福船

福船又称福建船、白艚，是中国福建、浙江一带沿海尖底海船的通称。福船是 15 世纪中国应用最广泛、最具代表性的船型之一，以行驶于南洋和远海、善于海上作战著称。在明代，中国水师以福船为主要战船，抗倭名将戚继光曾夸赞福船："福船高大如城，非人力可驱，全仗风势，倭船自来矮小如我小苍船，故福船乘风下压，如车碾螳螂。"郑和下西洋船队所用的主要船舶为宝船，采用的就是善于远洋航行的福船船型。福船制造采用榫接、舱缝水密隔舱技艺，其木板以槽舌接合，用苎麻、桐油、石灰等作为木板间缝的堵塞材料。使用水密隔舱技艺的福船在航行途中，即使有一两个船舱偶然受损，海水也不会涌进其他船舱，船会继续漂浮。

19 世纪著名的"耆英号"福船，曾经由香港远洋至好望角、纽约、波士顿等地。

海上丝绸之路

与陆上丝绸之路相对应，海上也存在一条名为"海上丝绸之路"的贸易往来通道。海上丝绸之路兴起于中国秦汉时期，在魏晋南北朝时期形成了从广州直达东南亚的航线。隋唐时期，中国与90多个国家和地区进行了海上交通往来。宋元时期，中国积极鼓励商人出海贸易或与海外来华商人贸易，海上丝绸之路进入鼎盛时期。海上丝绸之路作为世界上历史最悠久的海上贸易航线之一，是中国与世界各国经济、文化、科技传输的纽带。在2000多年的漫长岁月里，它构筑起古代世界海洋贸易与人文交流体系的主体。

明代榜葛剌（今孟加拉国）通过海上丝绸之路进贡到中国的长颈鹿

海上丝绸之路的港口

航行在海上丝绸之路航线上的船只运载着各式各样的商品，在世界各地的港口之间往来。不同历史时期的港口由于规模不同，在海上丝绸之路网络中扮演的角色也有所不同。各地区有许多重要的贸易枢纽，比如东亚的广州、泉州，东南亚的马六甲、会安，南亚的卡利卡特、加勒港，西亚的亚丁，东非的蒙巴萨、摩加迪沙，以及地中海的威尼斯、伊斯坦布尔等。

亚丁位于也门，自古为东西方贸易的重要港口，唐朝时期就有中国航海家抵达这里。

蒙巴萨位于非洲东岸，东临印度洋，是非洲的主要港口。1415年，郑和船队曾到访这里。

海上丝绸之路的起点：泉州

泉州位于中国福建，古称"刺桐"，是中国古代海上丝绸之路的起点，也是中心城市之一。10～14世纪，泉州在国际海洋贸易中蓬勃发展，成为远近闻名的"东方第一大港"。作为宋元时期的亚洲海洋贸易中心，泉州留存至今的历史建筑深刻体现了东西方文明交融的特征，也集中展现了宋元时期海上丝绸之路的繁荣景象。2021年，"泉州：宋元中国的世界海洋商贸中心"作为文化遗产被列入《世界遗产名录》。

万寿塔是泉州湾的外海航标塔，能够满足商船进出泉州港的指航需求。

海上丝绸之路的货物

与骆驼和马车相比，船舶和港口的承载能力极大地提升了古代世界贸易的体量，通过海上丝绸之路运输的商品种类也更加多样：有来自各国的生活用品，比如中国的丝绸和瓷器、南亚的棉纺织品、波斯的羊毛制品、地中海的金银器皿等；也有独特的原材料加工品，比如东南亚的香料、南亚的胡椒、阿拉伯地区的乳香和没药；还有非洲的奇珍异兽等。

西汉南越王墓出土的波斯风格的银盒

明代漳州窑青花瓷盘描绘了一幅扬帆起航的航海景象，这类瓷盘在当时远销东南亚等地区。

郑和下西洋

1405年6月，郑和率领一支庞大的船队，从苏州太仓刘家港起航前往亚洲和非洲各国。郑和船队沿印度半岛南下，抵达爪哇；又取西北航线，访问了满剌加；再西航至锡兰；最后到达印度西南海岸的古里国。在此后的数年里，郑和船队又先后七次下西洋，访问了30多个国家。郑和是人类航海史上最伟大的航海家之一，他七下西洋的壮举堪称海上丝绸之路上"最壮美的诗篇"。

明代商船模型

郑和航行路线图

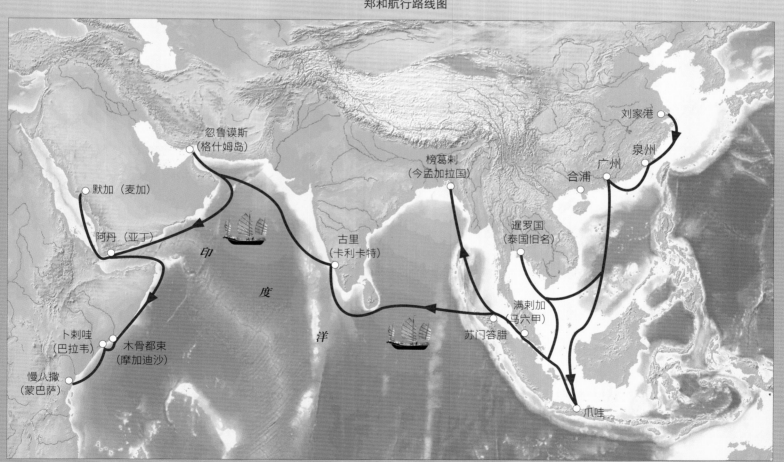

开启大航海时代

15世纪，《马可·波罗行记》在欧洲流传后，引发了欧洲上层社会对东方的向往，许多西欧国家都想开辟新的海上航路，到东方去寻找财富。此后的15～17世纪，欧洲发起了大规模远洋探险活动，西班牙和葡萄牙的探险家在航程中不仅找到了通向东方的航路，还意外地到达了美洲大陆。后来，西方史学界将这一时期称为地理大发现时期，也称大航海时代。大航海时代的一系列探险活动探察了许多当时欧洲人不曾到过的海域和陆地，推动了自由贸易的产生，促进了西方资产阶级的壮大，但也给亚洲、非洲和美洲等地的原住民带来了残酷的侵略。

四分仪可以帮助航海家确定船只所在的纬度

巴尔托洛梅乌·迪亚士　　克里斯托弗·哥伦布　　瓦斯科·达·伽马　　费南多·德·麦哲伦　　阿贝尔·塔斯曼

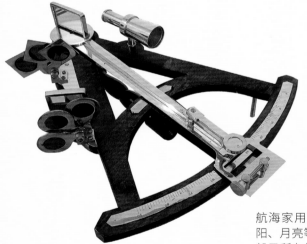

风暴之角

1487年8月，为了确定非洲的南界，葡萄牙航海家迪亚士率领一支探险船队沿着非洲西海岸向南航行。1488年5月，他们在返回途中，终于见到了非洲最南端的海岬。由于这里的风浪特别大，迪亚士便把它定名为"风暴之角"。船队返回葡萄牙后，他们向国王汇报了这次航行的经历，国王为了振奋士气，将"风暴之角"改名为"好望角"。

航海家用六分仪测量地平线与太阳、月亮等天体的角度来，以确定船只所在的经度。

发现美洲大陆

哥伦布是意大利的航海家。他14岁起就在海上生活，后来移居西班牙。他相信地球是圆的，认为从欧洲向西航行，可以到达东方的印度和中国。从1492年8月开始，他率领船队先后4次出海，开辟了横渡大西洋到美洲的航路。他们在帕里亚湾南岸首次登上了美洲大陆，但他们将这片大陆错认成印度。

星盘可以定位太阳、月亮、金星等相关天体的位置，从而帮助航海家确定本地时间和经纬度。

大航海时代的部分探险路线示意图

油画《达·伽马到达印度》

开辟通往印度的航线

1497 年 7 月，葡萄牙航海家达·伽马率领 4 艘军舰，去寻找通往印度的新航线。船队于同年 11 月 7 日到达今南非圣赫勒拿湾，然后绕过好望角，在阿拉伯海员的领航下横渡印度洋，到达印度西南海岸的港口卡利卡特。这次他们航行了 4 万多千米，到达了真正的印度，达·伽马由此成为开辟从欧洲通往印度航路的著名航海家。

第一次环球航行

1519 年 9 月 20 日，葡萄牙航海家麦哲伦率领一支由 5 艘帆船、265 名水手组成的探险船队，从西班牙的圣卢卡港起航，开始进行环球航行。1521 年 3 月，他们到达菲律宾群岛。在马克坦岛上，麦哲伦在冲突中丧生。后来，这支船队历经千辛，终于环绕地球一周，于 1522 年 9 月回到西班牙。这是人类历史上的第一次环球航行，证实了地球是圆的。后来，人们为了纪念麦哲伦，将位于南美洲南端的海峡命名为"麦哲伦海峡"。

太平洋上的"未知南方大陆"

1642 年，荷兰航海家塔斯曼受命率船队前往南太平洋探险，寻找"未知南方大陆"。同年 8 月 14 日，塔斯曼经印度洋入太平洋，11 月 24 日遇到第一块大陆，将其命名为"范迪门地"，即今塔斯马尼亚岛南岸；12 月 3 日，探险队到达今新西兰南岛，探险队误认为此地可能是连接南美洲的陆地，将其命名为"塔斯登陆地"。1643 年 1 月 4 日，探险队离开新西兰，途中发现汤加、斐济诸岛。1644 年，塔斯曼再次率船队勘查澳大利亚北部海岸线，并绘制了海图，塔斯曼和他的探险队员成为早期来到南太平洋群岛的欧洲人。

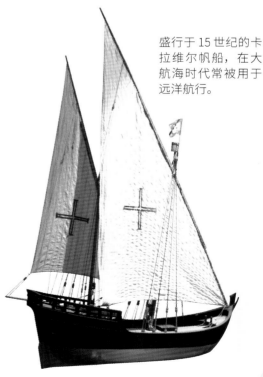

盛行于 15 世纪的卡拉维尔帆船，在大航海时代常被用于远洋航行。

极地探险之旅

在对全球海域进行探索的大航海时代，极地探险首先从离人类更近的北极展开。从 16 世纪起，探险家们逐渐探索并打通了北极东北航道和西北航道，还穿越了北极点。南极曾存在于人们的想象中，公元前 4 世纪的古希腊哲学家认为，地球的南端应该有一块大陆。后来地理学家托勒密也猜想，地球的南方可能有一块辽阔的陆地，他把自己假想的这个南方大陆绘制在地图上，当时人们称这块神秘大陆为"未知大陆"。为了寻找"未知大陆"，从 16 世纪开始，陆续有西班牙人、英国人、法国人、美国人等前往南极探险。

威廉·巴伦支　　　　维他斯·白令

北极探险

最早去北极探险的是古代亚洲人。他们渡过白令海峡，在现在加拿大境内的北极地区定居，成了现代因纽特人的祖先。荷兰航海家巴伦支在 1594 ～ 1597 年进行了 3 次北极探险。此后，丹麦的白令、英国的富兰克林、挪威的阿蒙森等众多航海家和探险家都投身于为北极探险及打通航道事业中。经过几个世纪的考察，人类终于开辟了几个通往北极的航线，包括穿过加拿大北极群岛的西北航道、穿越欧亚大陆的北冰洋近海的东北航道、穿越北极点的中央航道等。

先到北极点之争

20 世纪，到达北极点成为各国竞争的目标。1909 年 9 月，美国探险家皮尔里和英国探险家库克都声称最先抵达了北极点，由此引发了争论。随着科学技术的进步，北极探险考察也进入新阶段。1969 年，英国探险家赫伯特从阿拉斯加出发，经北极点到达斯瓦尔巴群岛，成为第一个无争议的经北冰洋步行抵达北极点的人。

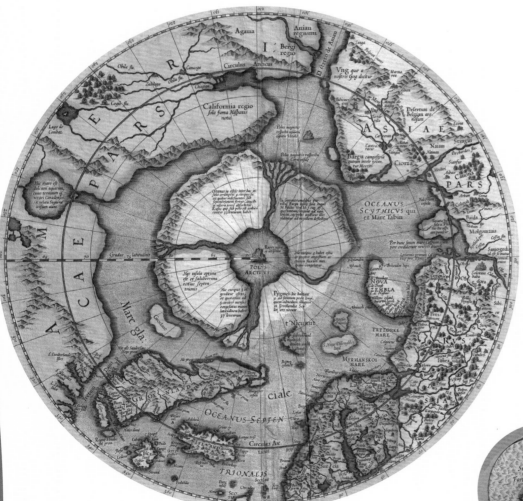

地理学家杰拉杜斯·墨卡托于 1595 年绘制的北极地图，被认为是世界上第一幅标注了北极点具体位置的地图。

法罗群岛　　　　设得兰群岛

| 约瑟夫·富兰克林 | 罗阿尔·阿蒙森 | 罗伯特·皮尔里 | 弗雷德里克·库克 | 沃利·赫伯特 |

南极探险

　　人类第一次真正来到南极源于一次意外。1578 年，英国航海家德雷克船长率领船队进入太平洋时，被大风刮到了更南的海域，误入南极"大门口"——德雷克海峡。英国航海家库克曾数次率领船队向南航行，于 1773 年进入南极圈。俄罗斯探险家别林斯高晋于 1820 年在南纬 69°21′发现一片陆地，成为历史上第一个见到南极大陆的人。1840 年，法国探险家迪维尔宣称发现了南磁极点。随着人类对南极认识的加深，南极新的海域及岛屿陆续被发现并命名，有些探险家还对南极进行了观测、勘探等开拓性的科学研究。

| 弗朗西斯·德雷克 | 詹姆斯·库克 | 朱尔·迪蒙·迪维尔 |

| 罗伯特·斯科特 | 厄内斯特·沙克尔顿 |

　　1657 年，荷兰地图制作师约翰内斯·杨松纽斯绘制了南半球地图，地图上显示出南极洲的大致位置和部分海岸线。

南极的英雄时代

　　1895 年 1 月，挪威探险家卡斯滕·博克格林温克乘雪橇深入到南极内陆，曾到达南纬 78°50′，这是当时人类到达的地球的最南端。1901 年，斯科特率领英国探险队向南极进发，斯科特和沙克尔顿等人都曾冲刺南极点，虽未如愿但也完成了许多科研项目。1908 年，沙克尔顿和 3 个同伴再次向南极点进发，于 1909 年 1 月登上极地高原，在距南极点约 160 千米处因疾病和食物缺乏而被迫返回。在进军南极的路上，有激动人心的发现，也有令人扼腕痛惜的牺牲，探险家们不畏严寒和艰险，勇往直前，他们的目标是成为到达南极点的第一人。1911 年 12 月，挪威探险家阿蒙森带领的探险队首先抵达南极点。

阿蒙森和队友在南极点

北极地区的矿产、生物等自然资源被人类逐步开发利用，世界各国逐渐加大对北极的研究力度。继 19 世纪 80 年代瑞典、法国等国家设立北极观测站后，20 世纪 30 年代以来环北极各国在北冰洋沿岸地区建立了多个科学考察站，围绕极地环境、气候、地貌、生物、生态等开展考察研究，并运用了飞机、核潜艇、破冰船、极地卫星等考察工具。考察发现，北极的冻土带存储大量的地球环境信息，能帮助人们了解气候变化和环境变迁过程；丰富的生物资源和特殊的自然环境，为生命起源的考察、太空生存模拟实验等提供了条件。

中国北极科学考察队在北纬 87°、西经 171° 的北冰洋海冰上进行多学科综合考察

北极航线

北极航线是指穿过北冰洋，连接大西洋和太平洋的海上航线。船舶在极地水域航行时，通航环境恶劣，受海冰、气候等影响显著。历史上，人类已经对北极航线进行了一定程度的开发，美国、俄罗斯、加拿大等国家长期利用北极航线进行贸易和科学考察活动。2018 年，中国宣布加入北极航线的开发利用事业，投入精力建设"冰上丝绸之路"，这对中国与欧亚大陆另一端的联系影响深远，能够提升中国对外贸易的能力。

俄罗斯科学考察队行驶在巴伦支海至东西伯利亚海的航道，对冰盖及北极地区进行科学考察。

《斯瓦尔巴条约》

斯瓦尔巴群岛位于北冰洋上，地处北极圈内，气候寒冷，60% 以上的土地被冰层覆盖，是最接近北极的可居住地区之一。几个世纪以来，英国、荷兰、丹麦和挪威等国家都对斯瓦尔巴群岛提出过主权要求。1920 年 2 月 9 日，法国、英国、美国和日本等国家在巴黎签署了《斯瓦尔巴条约》。1925 年 8 月 14 日，在比利时、中国、罗马尼亚等 29 个国家加入后，《斯瓦尔巴条约》更加具有权威性，此后成员国数量没有再增加。根据《斯瓦尔巴条约》，挪威对斯瓦尔巴群岛拥有主权，成员国在斯瓦尔巴群岛上拥有自己的权利和义务，成员国公民可以自主进入、停留在岛屿和领水内，可以在遵守挪威法律的前提下从事一切海洋、工业、商业活动和科学考察。1925 年，北洋政府代表中国签订了《斯瓦尔巴条约》，为中国在斯瓦尔巴群岛建立科学考察站提供了法律依据。

斯瓦尔巴群岛是北极探险、科学考察中心之一

北极科学考察站是建在环北冰洋沿岸陆地、亚北极地区或北冰洋中多年浮冰上的科学考察站，分为北极陆基考察站、北冰洋浮冰漂流考察站和环北极生物观测站。北极陆基观测站建在北冰洋沿岸地区和亚北极地区，是观测和研究北极自然环境、气象学、地貌学、地质与地球物理学、生物与生态学、海洋学、海冰与冰川学等学科的观测站。北冰洋浮冰漂流考察站建在坚实的、厚度大于 3 米、面积达数十或数百平方千米的多年浮冰上，具备后勤基地保障。环北极生物观测站是因某些学科的特殊研究目的，建在特殊地理位置的陆基观测站。

浮冰漂流考察站会随着浮冰而漂流，科考员在漂流沿线采集相应的数据。通常浮冰站可工作 2 ～ 3 年，有的冰基特别坚实的考察站，可连续工作 5 ～ 6 年或更长时间。

科考队员在浮冰科学考察站采集北极海水水样

北极多学科漂流冰站计划

北极多学科漂流冰站计划简称"MOSAiC"计划，是一项多国科学家联合在海冰上开展的科学观测、采样、研究的考察项目，也是迄今为止人类最大规模的国际联合北极科学考察项目。这一计划实施于 2019 年 9 月 ～ 2020 年 10 月，科学家将德国"极星号"破冰船抛锚在一块海冰上，在北冰洋随着浮冰漂流一年。来自 20 个国家的 60 多家研究机构的 600 多名科学家和后勤保障人员，分 5 个航段，对大气–海冰–海洋–生态系统各圈层及其相互作用进行了全面的观测研究。

研究人员使用装有科学仪器的无人机对北极浮冰进行观测，并从冰面以上不同的大气层收集样本。

冰厚传感器

大气探测气球

两座分别为 11 米和 30 米高的气象测量塔连接着十分敏感的测量传感器，传感器能显示风向和碳元素的饱和度。

科学考察船上装有遥感设备，这些遥感设备能够对科学考察船周围的气候情况进行观测。

测量塔

科研气球

在科学考察站之间，科学家可以用雪地车或者雪地摩托作为交通工具。但是他们会尽可能选择步行，因为这些交通工具排放的尾气会对北极的冰面和空气造成影响。

"极星号"破冰船

测量塔

救援飞机使用的跑道

科学考察站

雪地车

温盐探测设备

海洋科学团队把带有传感器的仪器放入水中

北极多学科漂流冰站示意图

南极科学考察

　　南极因其独特的地理特点、气候条件和自然资源，成为各国科学家开展科学考察的圣地。在早期探险中，罗斯海、威德尔海等南极海域和岛屿被人们逐渐认识。从1901年开始，英国探险家沙克尔顿数次参加或组织南极探险和科学考察活动，获取了大量测绘资料和地质标本。1904年2月，阿根廷最早开始在南极建立现代考察站。至今，全世界有30多个国家在南极建立了80多个科学考察站，绝大多数考察站都建在南极大陆边缘地区。美国、俄罗斯、日本、中国等国家在南极内陆地区共建立了9个科学考察站。20世纪以来，《南极条约》《保护南极动植物议定措施》《南极海豹保护公约》《南极生物资源保护公约》等国际条约的陆续签订，保障并促进了南极的和平开发、科学考察自由和国际合作。

大眼海豹分布于南极大陆附近海域，于1841年被探险家詹姆斯·克拉克·罗斯首次发现，因此又称罗斯海豹。

中国科学家秦大河（左三）参加了国际徒步横穿南极考察队

横穿南极

　　第二次世界大战后，在南极大陆四周，陆续有许多国家建立了考察站，但南极大陆的腹地仍是一个谜。1958年3月，英联邦南极远征队从威德尔海出发，到达南极点后继续走到罗斯海，完成了人类对南极的第一次穿越。1989年7月～1990年3月，由中国、美国、苏联、英国、法国、日本科学家组成的国际徒步横穿南极考察队，从南极海豹岩出发前往苏联和平站，完成了人类历史上第一次徒步横穿南极大陆。科学家们在极端恶劣的环境下，对气候变化与南极冰盖的关系等进行了科学研究工作。

2018年11月25日，中国"雪龙号"极地考察船驶入南大洋浮冰区。

《南极条约》

　　《南极条约》于1961年6月23日生效，无限期有效，适用于南纬60°以南的地区，并包括一切冰架。《南极条约》确立了对南极洲科学考察应为和平目的服务的原则，促进了各国在考察和研究活动中的国际合作，保护了南极地区的生态平衡。条约规定美国、苏联（俄罗斯）、英国、法国等20多个缔约国，都可以在南极拥有一定数量的军事人员或军用飞机、舰船，用来参与在南极建站、科学考察等活动。但是，《南极条约》禁止在南极洲进行一切军事活动，包括在南极洲进行任何核爆炸试验、处置放射性废物的活动。1983年10月，中国正式加入《南极条约》，10月7日获得《南极条约》协商国资格。

南极科学考察站

　　南极科学考察站是建在南极地区内陆、沿岸及岛屿上，具有适应南极特殊环境和气候条件，具备完善的生活设施、科研实验室、交通通信和后勤保障的科学考察基地。现今的考察站建筑大多造型新颖，抗风力强，保温性好，配套齐全，安全舒适，除了工作实验室、生活居室外，还有图书阅览室、商场、邮局、酒吧和健身房等设施。考察站人员实行轮换制，分为度夏考察人员和越冬考察人员。

长城站平均海拔 10 米，是中国在南极建立的第一个常年科学考察站。

美国麦克默多站

　　麦克默多站于 1956 年建成，位于麦克默多湾罗斯岛的南部，距新西兰约 3500 千米。考察站有各类建筑 100 多栋，包括 10 多座 3 层高的楼房。这里是美国南极研究规划的管理中心，有通信设施、医院、俱乐部、电影院、商场等。夏季时，站上人员可达 2000 多人。除麦克默多站以外，美国在南极还建有帕尔默站、伯德站等。

美国麦克默多站是规模最大的南极科学考察站，有"南极第一城"之称。

罗斯海

　　罗斯海是南太平洋深入南极洲的大海湾，也是人类通过船舶抵达南极大陆、前往南极点的传统航路，由英国探险家、航海家罗斯发现。1839年 10 月，受命于英国皇家海军的罗斯率队前往南极探险，1841 年，他穿过了南极圈，闯入罗斯海。罗斯还发现了阿德默勒尔蒂山、富兰克林岛等，以他的姓氏命名的有罗斯冰架、罗斯山、罗斯角等。罗斯海浮游生物丰富，为鱼类、鲸类、海豹、鸟类提供了丰富的食物。

罗斯海面积约 96 万平方千米，平均水深 477 米，大部分是深度不及 500 米的陆架。

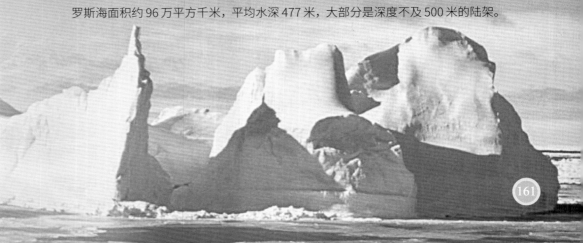

巨轮远航

19世纪之前，船舶依靠人力划桨和风帆推动，其载重和航行时间因此受到极大的限制。1776年，英国人詹姆斯·瓦特制造出第一台有实用价值的蒸汽机，在工业上得到广泛应用，使人类进入"蒸汽时代"。近代、现代船舶工业的发展，同样得益于蒸汽机的发明。利用蒸汽机提供的巨大动力，人类有可能建造更大的船来运载更多的货物，极大地促进了海上贸易的发展。海上贸易的繁荣，让世界各国的经贸合作日益加快，人文交往更加密切，推动了人类命运共同体的构建。

英国"天狼星号"蒸汽船

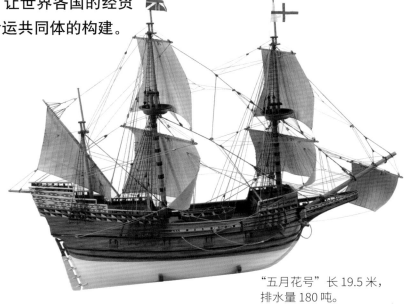

英国"五月花号"帆船

"五月花号"是英国3桅盖帆船。1620年，"五月花号"载有102名船员，由英国普利茅斯出发，前往今天的美国马萨诸塞州。"五月花号"以运载一批分离派清教徒到北美洲建立殖民地以及在该船上制定的《五月花号公约》而闻名。公约内容包含组织公民团体要拟定公正的法律、法令、规章和条例等。这份公约成为美国日后无数自治公约中的典范，开创了一个自我管理的社会结构。

"五月花号"长19.5米，排水量180吨。

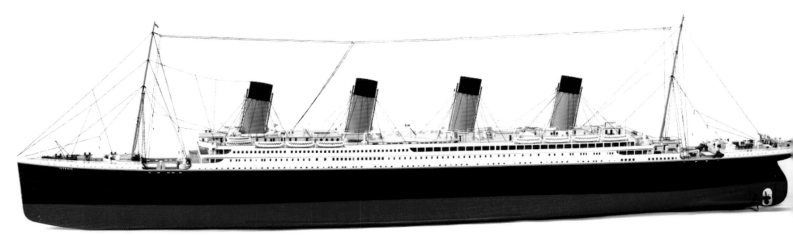

英国"泰坦尼克号"游轮

"泰坦尼克号"是英国白星航运公司下辖的一艘奥林匹克级游轮，有着"永不沉没"的美誉。然而不幸的是，在它的处女航——从英国南安普敦前往美国纽约途中，"泰坦尼克号"便遭厄运。1912年4月14日，"泰坦尼克号"与一座冰山相撞，造成右舷船舱至船中部破裂，五间水密舱进水。4月15日凌晨，"泰坦尼克号"船体断裂成两截后沉入大西洋底3700米处，造成1500余人丧生。

"泰坦尼克号"船长269.06米，宽28.19米，排水量46000吨，是当时世界上体积最大、内部设施最豪华的游轮。

美国"密苏里号"战列舰

"密苏里号"战列舰是美国海军1944年建造的第4艘艾奥瓦级战列舰。1945年9月2日，日本无条件投降的签字仪式，在停泊于东京湾的"密苏里号"战列舰主甲板上举行，这标志着第二次世界大战结束，"密苏里号"战列舰因此闻名于世。

美国"密苏里号"战列舰

中国福州船政局

福州船政局兴建于洋务运动时期，1866年竣工，1912年其正式名称改为福州船政局。福州船政局是近代中国第一家专业机器造船厂，也是当时远东规模最大、影响最深、设备最完整的造船基地。1884年，福州船政局在中法战争期间遭到严重破坏，其生产力又在1894年中日甲午战争后加剧衰落。1928年，福州船政局改称海军造船所。福州船政局作为晚清政府经营的制造兵船、炮舰的新式造船企业，见证了洋务运动的兴衰，为中华民族抗御外侮、保家卫国提供了支持，反映了中国近代造船工业及技术的发展变革。

平远舰是福州船政局第一艘自行设计建造的全钢甲军舰，造价超过50万两白银。

福州船政局

中国上海江南造船厂

上海江南造船厂的前身是创建于1865年的江南机器制造总局，该局先后建有十几个分厂，能够制造枪炮、弹药、轮船、机器等。中华人民共和国成立后，江南机器制造总局改名为江南造船厂。江南造船厂目前占地面积517万平方米，岸线总长3561米，共分3个生产区域，能够满足海军各系列舰船的建造需要，还能建造全系列液化气船、超大型集装箱船，以及公务船、科学考察船、破冰船等特种船只。作为"中国第一厂"，江南造船厂见证了中国造船业150余年的沧桑，是民族工业和军事工业的发祥地之一。

21000TEU 超大型集装箱船

"海洋石油301"液化天然气运输加注船

海洋贸易与旅游

海洋是人类的宝贵财富，对人类的生存发展和世界的文明兴盛有着重大影响。15世纪，西方国家积极探索航海路线，开启了大航海时代。西欧各国相继开展全球性海上扩张活动，开创了世界性的海洋贸易新时代，积累了大量原始资本。中国海洋资源丰富，海洋贸易历史悠久，秦汉时期海上丝绸之路已初步形成，明朝郑和七下西洋开拓了海外贸易。如今，世界各国大力推进海洋经济发展，世界海洋贸易活动、文化交流进入新的阶段。

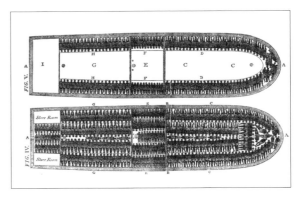

这是18世纪运奴船的截面图，奴隶们像货物一样被放在船舱里。

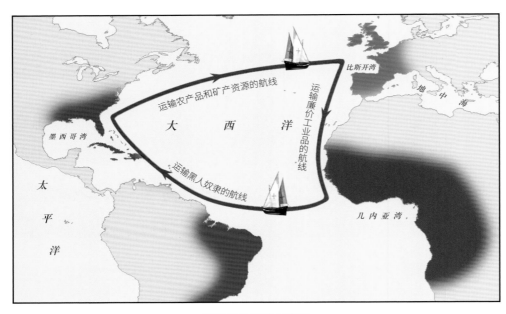

三角贸易航路示意图

三角贸易

新航路开辟后出现的"三角贸易"，即奴隶贸易，始于16世纪。当时资本主义处于初期发展阶段，欧洲殖民者疯狂追逐利润，面对开发美洲时劳动力短缺的难题，他们将罪恶之手伸向非洲。欧洲奴隶贩子从本国出发，带着枪支弹药和廉价的工业品，在非洲捕获或跟当地部落首领交换大量黑奴，沿着所谓的"中央航路"横渡大西洋，将奴隶运往美洲并卖出，换取金银和工业原料，以及糖、烟草等种植园产品，再返航欧洲。三角贸易给非洲带来灾难，致使非洲人口大量流失，却给美洲带去了廉价劳动力，推动了欧洲资本原始积累，促进了资本主义的发展。

21世纪海上丝绸之路

自秦汉时期开通以来，海上丝绸之路一直是东西方经济文化交流融通的重要桥梁。2013年，中国提出了共同建设21世纪海上丝绸之路，推动沿线各国经济繁荣与区域经济合作，加强中国与沿线各国的文明交流互鉴，促进全球和平发展的倡议。从倡议到实践，"21世纪海上丝绸之路"取得了很好的成效。中国海洋经济呈现出蓬勃发展的态势，海洋经济总量实现突破。2016年与1978年相比较，海洋货物运输量及远洋货物运输量，分别增长27倍和25倍。中国还涌现出广州港、上海港、舟山港等世界级大型港口。

广州港历史悠久，早在春秋战国时，就已与海外通商，隋唐时已成为东方大港。如今，广州港与世界140多个国家和地区、530多个港口有贸易往来。

舟山港位于中国长江三角洲以南，2022 年货物吞吐量超 12.5 亿吨。

2022 年，泉州港开通首条俄罗斯远东外贸集装箱航线。

海洋旅游

随着经济的迅速发展以及国民消费理念的不断升级，越来越多的人开始关注海洋旅游。跨海旅游能有效推动海洋产业的繁荣发展，促进旅游产品多元化及旅游经济的快速发展。在一定程度上，海洋旅游可缓解陆地热点旅游区的环境压力，减轻部分内陆地区的生态环境压力。

在海滩上，人们可以体验旅游及休闲娱乐活动。

游轮旅游拥有"海上流动度假村"的美誉，游客搭乘海上大型旅游客船并以此为主要目的地，还能感受沿线的港口风情。

深海旅游需借助一定的设施设备，在不干扰海洋生物以及保障个人安全的前提下，游客在海洋中开展旅游活动，领略神秘磅礴的深海风光。

海洋渔业与养殖

旧石器时代，人类祖先发明了带刺的长矛、鱼叉和鱼钩，开始了早期的渔猎活动。作为人类海洋开发史中最古老的产业之一，海洋捕捞业一直是水产品的重要来源。时至今日，随着近海海洋生态环境的持续恶化以及捕获量的过度增长，天然海域中的渔业资源已无法满足人们的消费需求。因此，未来渔业的发展需要向深海和大洋索要空间，发展以养为主的海洋渔业新型生产方式。

渔场

渔场为天然水体中虾、蟹、贝类、鱼类等海产经济动物分布比较集中，具有捕捞开发价值的水域。形成渔场需要有大量鱼群洄游经过或集群栖息，有适宜鱼类集群和栖息的生物及非生物环境条件，还要有适合的渔具、渔法。秘鲁渔场与北海道渔场、北海渔场、纽芬兰渔场并称世界四大渔场，其中秘鲁渔场是世界上最典型的上升流渔场。秘鲁位于南美洲太平洋沿岸，处在东南信风带内，沿岸盛行离岸风，导致表层海水偏离，底层海水上升补充，形成上升补偿流。在上升流区，下层冷水上升，水温下降，盐度增加，补偿流把海底营养盐带至表层，使得秘鲁附近海域的浮游生物繁殖旺盛，给这里的鱼类提供了丰富的饵料。

秘鲁渔场水产资源十分丰富，栖息着鳀鱼、沙丁鱼、金枪鱼等800多种鱼类和各种贝类。

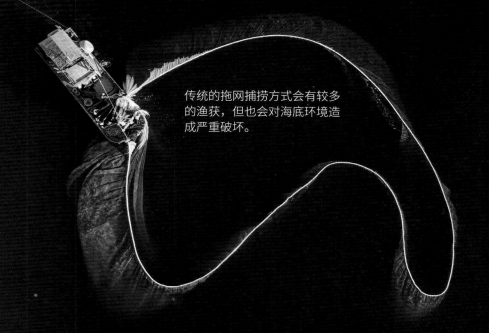

传统的拖网捕捞方式会有较多的渔获，但也会对海底环境造成严重破坏。

被困在废弃渔网中的翻车鱼

"幽灵渔具"

　　废弃、遗失或以其他方式丢弃的渔具像幽灵一样长期在海洋中飘荡，导致一些海洋生物被网具缠绕而死，是渔业对海洋生态最为严重的危害之一，国际上称其为幽灵渔具。由废弃渔具形成的"幽灵捕捞"则是导致大量海洋动物死亡的罪魁祸首，每年有数万的鲸类、海龟等动物因此丧命。幽灵渔具的主要来源是沿海和远洋捕捞业，废弃渔具和丢失的船只齿轮占海洋废弃物的50%。世界各国及国际组织对幽灵渔具引发的问题日益关注，联合国在"2030年可持续发展议程及可持续发展目标"中强调了解决幽灵渔具问题的紧迫性。

伏季休渔制度

　　20世纪70～90年代，由于海洋资源管辖权的缺失，全世界海洋渔业过度捕捞问题十分突出，渔业资源可持续性显著下降。美国、挪威、日本等海洋国家采取了一系列治理措施，多年来取得了较好的成效。中国于1995年起在东海、黄海、渤海海域实行为期2个月的伏季休渔制度，1999年，中国决定在南海海域实施伏季休渔制度。经过多年的政策调整和推进，休渔范围不断扩大，休渔时间不断延长，执法力度也愈加严格。海洋伏季休渔制度对确保鱼类种群的补充和恢复具有极其重要的意义，是保护海洋渔业资源、维护海洋生态平衡的一项重要的渔业资源养护管理制度。

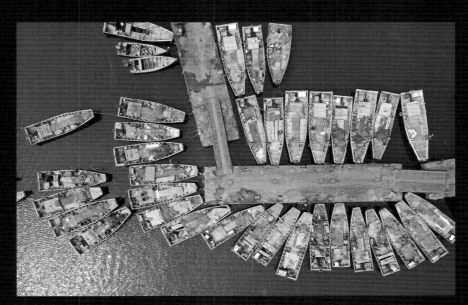

休渔期的中国山东烟台芝罘岛东口渔港

海洋牧场

　　20世纪70年代初期，日本基于海洋生态系统的原理，最早提出了"海洋牧场"的概念。海洋牧场指在特定海域，通过人工鱼礁、增殖放流等措施，构建或修复海洋生物繁殖、生长、索饵或避敌所需的场所，实现海洋资源可持续利用的渔业模式。截至2023年，中国已建设6批共169个国家级海洋牧场示范区，如山东荣成北部海洋牧场、浙江渔山列岛海洋牧场、辽宁獐子岛海洋牧场、广西防城港白龙海洋牧场等。

中国山东荣成爱伦湾国家级海洋牧场

海底沉船

在海底，我们看到大量的海洋生物和壮丽的海底地质景观，还可以发现人类活动留下的特殊遗迹——海底沉船。沉船是海洋考古学家的研究对象，在能见度好的水域，沉船也深受潜水员喜爱。沉船上有时会有贵重的船货，也因此常成为寻宝猎人的目标。根据联合国教科文组织推算，全世界约有300万艘沉船。历史超过100年的沉船，受《水下文化遗产保护公约》的保护。中国海岸线绵延悠长，沿海沉船分布范围广、跨越年代久远且数量巨大。2022年10月，考古学家在中国南海西北陆坡约1500米深度的海域发现两处明代正德年间的古代沉船遗址，推测文物数量超过十万件。

考古专家在南海的水下沉船遗址中工作

"泰坦尼克号"沉船

1912年4月14日，"泰坦尼克号"与一座冰山擦撞后，沉没在大西洋里。1985年9月1日，由美国前海军军官罗伯·巴拉德率领的联合远征队，首次发现了"泰坦尼克号"的残骸。举世闻名的"泰坦尼克号"被重新发现后，很多人提出了许多难以实施、代价昂贵且通常并不可行的打捞计划，包括向残骸里填充乒乓球、注射18万吨凡士林，以及使用50万吨的液氮把沉船残骸冻成冰山，使其漂浮回到水面。实际上，由于残骸过于脆弱，沉船已基本无法打捞。现在沉船已经受到国际公约保护。

美国科学家于2004年拍摄的"泰坦尼克号"船首残骸

船舶沉没的原因

恶劣天气、低能见度、导航偏差等都可能使船舶搁浅或触礁，但大部分沉船悲剧往往和人为失误有关。有些船只在设计或建造阶段就埋下了隐患，如果出现突发问题又不能妥善应对，灾难就难以避免。并不是所有的沉船都是由灾难导致的，有些船只是被故意沉海或炸毁的。1050年，因为担心挪威人入侵，丹麦人在罗斯基勒峡湾沉没了5艘维京船舰以阻断航道。有些船只被遗弃后会在原地慢慢沉没，如美国海军的"杰弗逊号"战舰，在1812年光荣退役，停泊在纽约萨克特港，最后慢慢沉入海底。

在罗斯基勒峡湾发现的
丹麦斯库尔德列夫沉船

所罗门群岛海域的第二次世界大战沉船遗址

沉船的保存

通常沉船周围的温度、氧气和湿度的作用越小，越有利于沉船保存。淡水是比盐水更好的防腐剂，寒冷则可以抑制微生物和细菌滋生，因此船只快速沉没在黑暗冰冷的湖底，并且迅速被水底厌氧沉积物掩埋，比沉没在船只往来频繁且洋流运动活跃的浅海区域要理想得多。船只上的装载物，尤其是石材、铁块等压舱重物，有时也会对沉船保存有利，被压在重物下的木制船身和其他物品，很有可能是沉船最后仅存的部分。

"玛丽罗斯号"
上的木质索具块

木质结构的沉船经过一两百年后，船上唯一能保留下来的木材是被泥沙掩埋的部分。"玛丽罗斯号"沉船被海底泥沙掩埋的船身部分和船上物品，被较好地保存了下来。

"南海I号"被整体打捞出水

"南海I号"沉船打捞

1987年，"南海I号"沉船在中国广东阳江川山群岛附近海域深25米处被发现。为保护船上珍贵的文物和考古信息，2007年"南海I号"被整体打捞上岸，成为中国有史以来最大的海洋考古项目。"南海I号"沉船首尾略有残缺，残长约22米，全船分为15个独立舱，船上满载外销瓷器等各类货品和生活用品。经考古鉴定，这艘船为南宋时期的海外贸易商船。"南海I号"是在环中国海域发现的沉船中年代最早、船体最大、保存最完整的中国远洋货船，是保存在"海上丝绸之路"航道上的文化遗产。

"南海I号"内出土的白釉
印花罐及内装喇叭口瓶

海洋考古

从沿海部落的兴起到古老文明的进步，人类社会的发展离不开海洋。海洋考古可以帮助我们了解这些沿海文明是何时萌芽的，不同地区的人类与他们赖以生存的海洋、河流、湖泊互动时有哪些异同。海洋考古是考古学的分支学科，专门研究历史上人类与海洋的互动，河流、湖泊等其他水体，也是海洋考古学的关注范畴。以海洋为主的水域孕育了辉煌的古代人类社会文明，也养育了一代又一代的华夏子孙。

沉入水下的
古罗马雕像

海洋考古的对象

从古到今，人类依靠技术和装备进行生产、生活，这些生产、生活的遗存，使今天的考古学家得以研究过去人类的活动。这些遗存有时是古人有意留存的，但更多时候是无意保留下来的。对海洋考古来说，常见的遗存包括被淹没的陆地景观，沿岸港口基础设施以及沉没海底的船只、飞机和潜艇等。世界上重要的海洋考古遗迹有土耳其克科瓦古城遗址、意大利巴亚古城遗址等。中国重要的海洋考古发现包括广东台山"南海Ⅰ号"南宋沉船、辽宁"丹东一号"清代沉船（致远舰）等。

公元2世纪，一场剧烈的地震让克科瓦古城一半都沉入了水下，如今清澈的水面之下隐约可见曾经宏伟的城市。

海洋考古调查和发掘

找到海洋深处的遗迹并不像"大海捞针"那样困难。在科技和知识的"武装"下，大部分的海洋考古发现绝非偶然。实地走访是获取消息的重要途径，大多数重要的考古遗址，是通过采访遗址附近的居民获取重要线索而发现的。海洋考古也不例外，考古学家经常从渔民、水手、潜水员那里取得海底遗迹可靠的位置信息。有了这些信息后，考古学家就可以开展考古调查。通常沉船的发掘需要使用打捞船等大型的设备，调查和发掘浅水区的遗迹时，考古学家有时会亲自潜水一探究竟。

海底文物因为长时间接触海水，不可避免地会受到不同程度的腐蚀，如何妥善防腐、如何去除文物上的海底凝结物，都是海洋考古文物保护专家需要解决的问题。

考古学家使用各种设备调查水下遗迹

考古学家探索
巴亚古城

巴亚水下考古公园

巴亚水下考古公园位于意大利那不勒斯港的北部，坐落于火山口密布的西海岸。早在公元前1世纪，巴亚古城所在的那不勒斯北部海岸就是地中海地区非常繁荣的旅游胜地，演说家西塞罗、诗人维吉尔和博物学家普林尼都曾在这里居住。后来，因为火山和地壳升降运动，这一带的海岸逐渐被海水淹没，巴亚古城也沉入海底。如今，这里变成了世界重要的"水下博物馆"。

考古学家在巴亚古城遗址发现了许多海底遗迹，包括巨大的寺庙、豪华别墅、广场、大型浴室设施，以及马赛克瓷砖、大理石和青铜雕塑等。

海洋观测卫星

海洋观测卫星是用于探测海洋状况、监测海洋动态的人造地球卫星，可根据用途分为海洋水色卫星、海洋地形卫星和海洋动力环境卫星。海洋水色卫星可用于探测叶绿素浓度、悬浮泥沙含量和有色可溶有机物等水色要素。海洋地形卫星主要用于探测海平面高度的空间分布。海洋动力环境卫星用于探测海面风场、浪场、流场、海冰等动力环境信息。目前，能研制和发射海洋卫星的国家有中国、美国、法国、俄罗斯、印度、韩国等。中国已发射"海洋一号"水色卫星、"海洋二号"海洋动力环境卫星，以及与法国合作研制的"中法海洋卫星"。

"海洋卫星" A 号

第一颗海洋观测卫星

1978 年 6 月 22 日，美国发射了第一颗专用于海洋观测的卫星"海洋卫星" A 号，它的主要任务是鉴定微波遥感器从空间观测海洋的有效性。卫星上装有世界第一台应用于空间领域的合成孔径雷达，观测分辨率 50 米，可在各种天气条件下观测海水特征、海冰漂移、水陆界面、海水波浪，并测绘海流图。

"托佩克斯 / 波塞冬"卫星

"托佩克斯 / 波塞冬"卫星是由美国和法国联合研制、发射、运营的海洋地形卫星，于 1992 年 8 月成功发射。卫星正常工作了 13 年，最终于 2006 年终止任务。这颗卫星的主要任务是测量海洋地形，并探测大洋环流、海况、极地海冰，研究这些因素对全球气候变化的影响。它不负众望，取得了一些颇具影响的研究成果，提供了覆盖 95% 的无冰海洋信息，包括海面高度、风速与海浪高度等信息。

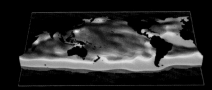

根据"托佩克斯 / 波塞冬"卫星测高数据绘制的海洋动力地形图

"托佩克斯 / 波塞冬"卫星的后续任务卫星包括"杰森 1 号""杰森 2 号""杰森 3 号"等。

"杰森 2 号"卫星发射于 2008 年，在轨运行 11 年。

"杰森 3 号"卫星发射于 2016 年，它能获得海波和海洋表面形貌的测量值。

"杰森 1 号"卫星发射于 2001 年，它与"托佩克斯 / 波塞冬"卫星共同完成了完全覆盖全球海平面的地形测量任务。

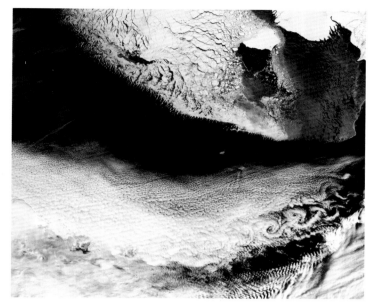

"哨兵3号"A星拍摄的白令海，图像上方的白色部分为季节性海冰。

"哨兵号"卫星

2003年，欧洲委员会与欧洲航天局联合启动了"哥白尼计划"，目标是利用来自卫星、地面站和海上测量系统的大量数据，实现对全球环境与安全的实时动态监测。为此，欧洲航天局执行了7项"哨兵号"卫星发射任务，其中"哨兵3号""哨兵6号"主要以海洋为观测对象。"哨兵3号"的主要目标是测量海面的温度、水色和高度。"哨兵6号"主要用于测量全球海平面高度。

"哨兵3号"

"哨兵6号"A星

"哨兵6号"B星

"海洋一号"C星海洋水色仪经过极区时拍摄的图像

"海洋一号"卫星

"海洋一号"是中国的海洋水色卫星，包括A星、B星、C星和D星4颗卫星，于2002～2020年陆续发射升空。"海洋一号"主要以渤海、黄海、东海、南海和日本海及海岸带区域等为实时观测区域。"海洋一号"携带海洋水色扫描仪、成像仪等设备，能通过观测海水光学特征、叶绿素浓度、悬浮泥沙含量、海表温度、可溶有机物和污染物质等，掌握海洋制造有机物的能力、海洋环境质量、渔业及养殖资源等情况。

"海洋二号"卫星

"海洋二号"是中国的海洋动力环境卫星，包括A星、B星、C星和D星4颗卫星，于2011～2021年陆续发射升空。"海洋二号"携带了微波散射计、辐射计和雷达高度计等设备，可监测海面风场、浪场、海流、海洋重力场、大洋环流和海表温度场、海洋风暴及潮汐等。目前，"海洋二号"B星、C星和D星共同构成中国海洋动力环境监测网，实时观测区域为南纬5°～北纬50°、东经100°～150°的海域。

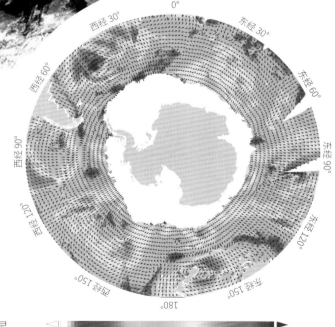

0 3 6 9 12 15 18 21 ≥24

单位：米／秒

"海洋二号"B星微波散射计于南极海面风场获得的分布图

海洋博物馆

　　海洋博物馆是以海洋为主题的博物馆，展示海洋的自然历史和人文历史，具有保护收藏、展示教育、科学研究、交流传播、旅游观光等功能。海洋博物馆大多建在沿海地带，有的博物馆还设立了科研机构，是海洋学术研讨及交流的重要场所，是人类了解海洋的窗口。世界著名的海洋博物馆有中国国家海洋博物馆、澳大利亚国家海洋博物馆等。

中国国家海洋博物馆馆藏的小鳁鲸塑化标本

国家海洋博物馆里的寒武纪
生命环形展示带

中国国家海洋博物馆

　　位于中国天津滨海新区的国家海洋博物馆是中国首座重点反映海洋文化、海洋文明的国家级、综合性海洋类博物馆。国家海洋博物馆展厅面积2.3万平方米，通过6大展区、16个展厅和3.6万余件珍贵藏品，全面展现了自然生态、历史人文、科学技术等多维视角下人类与海洋相互依存、和谐共生的密切关系。国家海洋博物馆有"海洋上的故宫"之称。

菊石化石

摩纳哥海洋博物馆

　　摩纳哥海洋博物馆位于摩纳哥西南圣马丁角，由博物馆、实验室、研究室、水族馆等组成。大厅内陈列着世界各种类型的海洋调查仪器和设备，集世界海洋调查之大成。博物馆陈列着从古至今的渔船模型、各种海兽海鱼的骨骼标本、各种观赏鱼等，将科学性、艺术性有机交融。博物馆设有庞大的科研机构，是国际海洋学会会址，也是召开国际性海洋学研讨会的重要场所。博物馆拥有自己的小舰队，经常外出搜集海洋生物标本。

摩纳哥海洋博物馆展厅

英国国家海事博物馆

　　英国国家海事博物馆位于英国伦敦格林尼治区皇后公园，建于1934年，历史悠久，藏品丰富。博物馆由海事陈列馆、皇家天文台和建于17世纪的皇后之屋组成，其收藏专注于英国的海军、商人、探险家以及他们所从事的相关贸易活动等，也展示了探险家在北极地区的探险活动。

早期蒸汽船的发动机

鸦片战争时期中国战船的船旗

加里宁格勒世界海洋博物馆

　　加里宁格勒世界海洋博物馆位于俄罗斯加里宁格勒，是俄罗斯首座综合性海洋学博物馆，同时也是一座历史悠久的船舶博物馆。博物馆建于1990年，拥有各种关于航海业、海洋生物、世界海洋地质学和水文学的陈列品，馆内还设有海洋学博物馆以及生态站。

澳大利亚国家海洋博物馆

　　澳大利亚国家海洋博物馆位于澳大利亚悉尼达令港，由联邦政府经营，旨在展示澳大利亚的海洋历史，是澳大利亚的国家海事收藏、展览、研究和考古中心。常设展览由6个主题组成，展示航海、海岸、海军和海洋文化等内容，充分体现澳大利亚与海洋深层次的联系。

澳大利亚国家海事博物馆的整体建筑造型好像飞扬的船帆

海洋军事

公元前 485 年，齐国与吴国爆发海战，这是中国历史上第一次有文字记载的海战。公元前 480 年，希腊与波斯在萨拉米斯爆发海战。现代海战在水面、水下、空中、电磁、信息等多维空间，以及濒海陆地、空域的广阔领域里，多层次、多方位同时展开。海军是国家军队中的重要组成部分，海军使用的装备和武器包括各式军舰、潜艇、鱼雷、水雷等，它们随着海上军事科技的发展不断迭代更新。在新时期的国际环境下，海洋军事科技的进步，可以提升国家的海上防御力量，维护国家的海上安全和海洋权益。

海战是海上战争的重要组成部分和主要表现形式，其目的是消灭敌海上兵力集团，夺取制海权、制空权和制信息权，保证己方海上目标安全及海上行动自由等。

核潜艇

核潜艇是以核能为推进动力源的潜艇，也称核动力潜艇，包括弹道导弹核潜艇和攻击型核潜艇。与常规潜艇相比，核潜艇的水下航速、下潜深度、续航力、隐蔽性、机动性和突击威力都明显更有优势，武器配置也更强。

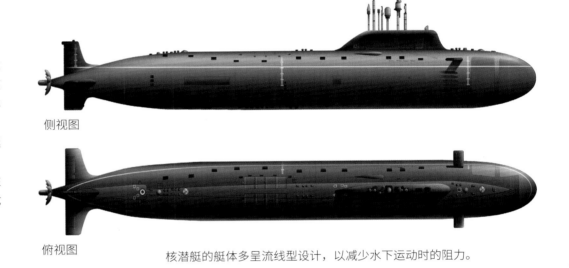

侧视图

俯视图

核潜艇的艇体多呈流线型设计，以减少水下运动时的阻力。

航空母舰

航空母舰是以舰载机为主要战斗装备，并为其提供海上活动基地的大型水面战斗舰艇，简称航母。它攻防兼备，航海性能好，适航性好，续航力大，综合作战能力强，有浮动的"海上机场"之称。航空母舰在现代局部战争中可发挥巨大作用。2012 年 9 月，中国第一艘航空母舰"辽宁号"正式服役。2019 年 12 月，"山东舰"正式服役。2022 年，中国第三艘常规动力航空母舰"福建舰"正式下水。

"兰利号"是美国海军第一艘航空母舰

中国海军"辽宁号"航空母舰侧视图

水雷

　　水雷是由水面舰艇、潜艇和飞机等布设在水中，通过引信自动起爆或由人工控制起爆的水中武器。它对目标具有自主探测、识别、攻击能力，能毁伤舰船、破坏桥梁等，隐蔽性好，扫除困难，能长时间威胁并封锁敌方基地、港口、航道，限制敌方舰船机动自由，破坏敌方海上交通线，掩护己方基地和沿海交通线，防止敌方登陆等。

意大利 MANTA 沉底水雷

中国舰布火箭上浮锚雷

鱼雷

　　鱼雷是能在水下自航、制导，攻击水面或水下目标的水中武器，由潜艇、水面舰艇和飞机携载。鱼雷能自动搜索攻击目标，隐蔽性好，抗干扰能力强，命中率高，爆炸威力大，是海军主要的攻击武器之一。鱼雷的发展经历了从冷机到热机、无自导到有自导、自导到线导、单一反舰到反舰反潜等不同的发展阶段。

美国最新装备的 AN/WLD-1（Ⅴ）遥控猎雷系统，其核心是遥控的无人潜航器，潜航器背上伸出水面的是通信天线。

世界上第一枚鱼雷——英国"白头"鱼雷

美国罗斯福号驱逐舰上发射的 MK54 鱼雷

2010 年 4 月，美国深海地平线钻井平台在一次钻探事故中泄漏了超过 470 万吨原油。

海洋污染

　　人类活动是海洋污染的主要原因，资源开发、工业生产和渔业养殖等，都会给海洋生物、人类健康、海水质量带来负面影响。常见的海洋污染有石油污染、重金属污染、放射性污染和有机物污染等。虽然海洋有着相当强大的自净能力，但是频繁的人类活动制造的大量污染物依然是海洋的"不可承受之痛"。海洋污染有污染源广、持续性强、扩散范围广、影响大和防治困难等特点，减轻海洋污染对地球生态的破坏，是全人类的责任。

海洋石油污染

　　海洋石油污染是一种严重的海洋污染，污染物主要来源于向海洋注入的含油废水、海上油船漏油事故、海底油田开采的溢漏等。据估计，平均 1 升石油可以污染 100 万升海水，而每年有 200 万～ 1000 万吨石油通过各种方式泄漏到海洋。石油泄漏进海洋后，会阻碍海洋植物的生长。有毒的石油进入食物链后，会让海洋生物患病甚至死亡。人类食用被石油污染的动物、植物后，可能会患上癌症、肝脏疾病和呼吸系统疾病。

泄漏的原油会在海面形成一层油膜，这层膜会阻碍大气和海水间的气体交换。

油膜污染海兽皮毛、海鸟羽毛，会溶解皮毛上的油脂物质，使其失去保温、游泳和飞行能力。

海洋重金属污染

污染海洋的重金属元素有汞、镉、铅、锌、铬、铜等。人类工业活动产生的污水、燃烧煤和石油释放出的重金属，都会经河流与大气进入海洋。海洋中的重金属一般通过食用海产品的途径进入人体。汞可使人患水俣病，镉、铅、铬等能引起机体中毒，也有致癌、致畸等作用。

经调查发现，水俣市工厂向海里排放含有有机贡化物的工业废水，这是导致动物和人类汞中毒的"元凶"。

1952 年，日本水俣市发生了大量猫发疯并跳海自杀的怪事，当地人也开始出现口齿不清、身体痉挛、精神失常甚至死亡的怪病。这种病症先后波及 1 万多人，后来此病也称"水俣病"。

海洋有机物污染

有机污染物包括增塑剂（PCB）、二噁英和壬基酚（NP）等，这些化学制剂都是人类工业生产中必不可少的原料。这些有机物有着各自的形态，它们在自然界中降解的速度很慢，容易在人类和动物体内富集，因而一旦通过大气降雨或直接排放进海洋中，就会对海洋环境造成严重的威胁。

含氯二噁英和呋喃统称二噁英，金属制造、垃圾焚烧的过程中都会产生二噁英。

增塑剂是冰箱冷却液、液压油、阻燃剂的制作原料

壬基酚包含在化妆品、沐浴露、洗衣液等日用品中，这种物质会抑制鱼类的繁殖。

海洋放射性污染

核泄漏、核试验产生的放射性物质进入海洋后，会对海洋环境造成放射性污染。在海洋中，最常见的放射性元素是铯 -137，半衰期约 30 年。2011 年，海啸导致日本福岛第一核电站发生爆炸，部分反应堆熔化。数百万吨受到放射性污染的冷却剂泄漏到北太平洋。放射性污染物对沿海生物影响极大，尤其是对底栖生物，因为放射性物质会在海底快速聚集。据统计，截至 2012 年，福岛沿海地区的海底已经沉积了 95 万亿贝克勒尔的铯，这一数值远远超过了正常范围。

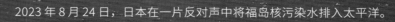

2023 年 8 月 24 日，日本在一片反对声中将福岛核污染水排入太平洋。

有的动物会误食闪亮发光或形状奇特的小块塑料碎片，因为塑料难以自然分解，更无法被消化，塑料制品会渐渐撑满动物的胃，让它们无法进食。

海洋塑料污染

海洋塑料污染问题日趋严重，其中粒径小于5毫米的微塑料称为海洋中的 PM2.5。研究表明，塑料占海洋垃圾的85%，每年约有至少800万吨的塑料制品流入海洋。到2040年，流入海洋的塑料污染量将增加近3倍，达到2300万吨以上，这意味着地球上每米海岸线就会有大约50千克的塑料。因此，所有海洋生物都会因为海洋塑料污染而面临中毒、行为障碍、窒息甚至死亡的风险。珊瑚、红树林和海草床也将被塑料垃圾淹没，使它们无法获得氧气和光线。海洋塑料垃圾需要几十年甚至上千年的时间才能完全分解，而在此之前，海洋里的塑料垃圾会持续性地影响生物多样性、海洋生态系统和沿海经济。如今，联合国环境署已将海洋塑料污染列为全世界亟待解决的十大环境问题之一。

有的动物在幼时被废弃渔网、口罩、塑料杯等垃圾困住，无法挣脱。随着它们慢慢长大，塑料制品会勒住它们的身体，导致伤口发炎直至死亡。

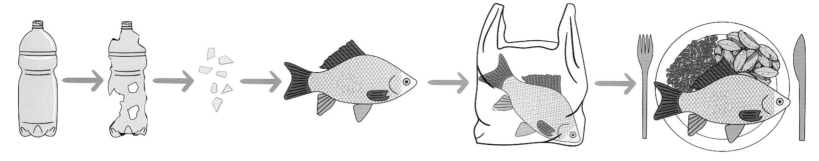

微塑料在食物链中的传递过程示意图

海洋微塑料

微塑料通常指粒径小于 5 毫米的塑料碎片，最小的微塑料碎片可以达到纳米级别。日积月累进入海洋的塑料垃圾，在经过撞击、阳光等影响后会裂解成微塑料，随着微塑料进入海洋环境后，会从多种途径再次回到我们的生活。最主要的途径之一就是通过生物累积和生物富集。海洋生物食用或体表吸收微塑料后，这些物质无法被代谢，便累积于生物体内，经由食物链中各阶层消费者的食性关系而累积。最终，被端上餐桌的海洋动物，就是人类吸收微塑料的直接来源。

受洋流影响而聚集起来的塑料垃圾，可能来自太平洋沿岸的任何一个国家。

一只误食废弃物的信天翁的遗骸

太平洋垃圾岛

受北太平洋环流影响，美国加利福尼亚与夏威夷间是一个相对静止的水域，水流的旋转方向可以将周围沿海的废物带进来，难以降解的塑料垃圾在这里堆积，形成一个如岛屿般的"海上垃圾场"。太平洋垃圾岛面积相当于两个美国得克萨斯州的面积，绵延数百海里，岛中的塑料重量超过 350 万吨，其中包括大量废弃渔网、塑料瓶、塑料袋等塑料垃圾。太平洋垃圾岛的存在，对海洋动物、植物的生存状况和海洋生态系统，都产生了恶劣的影响。

佛得角圣卢西亚岛的海滩被塑料垃圾覆盖，这里大部分垃圾来自捕鱼活动。

海洋塑料污染治理

人类在 20 世纪 60 年代就开始认识到海洋塑料的危害，近年来海洋塑料垃圾的治理问题受到了全世界的高度关注。随着垃圾焚烧技术的推广和生活污水处理率的提高，各国的海洋塑料垃圾排放量一度出现下降趋势，但是，近些年网购物流和快餐外卖的兴起导致塑料垃圾数量再度增加。针对海洋塑料垃圾问题，世界各国积极参加国际海洋污染治理活动，全面管控海洋塑料污染物的排放，并推动社会力量参与海洋塑料垃圾的治理。

海底测量

海底测量是陆地地形测量在海洋区域的延伸，可以获取海洋深度、海底沉积物类型与分布、海底地质构造特征、海底表面物体和水文信息等。海洋深度是海底测量的主要内容，海底测量技术经历了绳索测点、声波测线、遥感测面"三部曲"。随着深海探测技术的发展，人类深入认识深海的时代已来临。

古希腊时期，人们相信深海是一个没有底的神怪世界。16世纪，瑞典传教士绘制的海图中有大量的海怪，反映了当时人们对海底的认识。

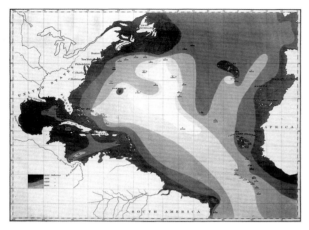

使用美国海军"海豚号"双桅帆船的探测资料绘制的海洋水深图

绳索测深法

1872～1876年，英国"挑战者号"在太平洋、大西洋、印度洋海域进行了世界第一次系统性的海底测量。船员们在船上对沿途492个站位进行了测量，测量时放下带铅锤的钢索，当钢索下降速度剧减时，表明铅锤已达海底。但当水深较大时，这一方法就很不方便，也不精确。用绳子测量海底得到的是点的数据，将各个点连起来呈现的起伏，就算作海底的地形，结果当时人们以为海底的地形是平缓的。

声波测深技术

随着科学技术的发展，人类开始在船上使用声波进行海底测量。19世纪，科学家们认识到测定海底反射声波的传播时间，便能得到水深值。20世纪20年代，在电子传感器技术发展的基础上，科学家发明了声呐技术，以此技术为基础开发出了单声波测深探测仪、多波束测深探测仪等测量仪器。多波束测深探测仪将多个声波发射出去，声波至海床或障碍物后反射回来，依据收到讯号的时间，计算声波"行走"的距离，最后得到海洋的深度。因为多波束测深探测仪可控制接收波束的角度，进而得到多个角度方向的回波信号，使得测量范围呈扇面状，所以比单声波测深探测仪覆盖面更广，精确度更高。

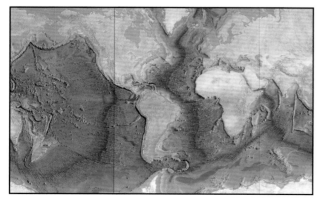

《世界洋底全图》（局部）

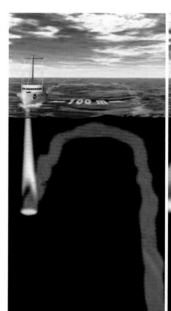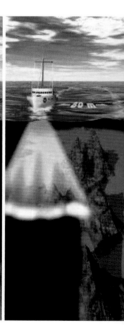

单声波测深探测仪测量　　多波束测深探测仪测量

1977年，奥地利艺术家、制图大师海因里希·贝兰将海洋地球物理学家布鲁斯·希曾和海洋制图专家玛丽·撒普合作研究的成果汇集，使用声波测深技术资料绘制了《世界洋底全图》。

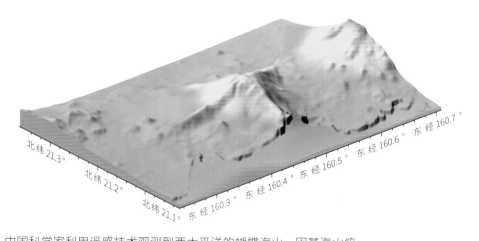

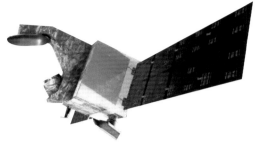

中国"海洋二号"B卫星配备了雷达高度计，可以精准观测海面高度。

中国科学家利用遥感技术观测到西太平洋的蝴蝶海山。因其海山俯视平面形态似蝴蝶翩翩飞舞，故命名蝴蝶海山。

卫星遥感探测技术

据估算，以船舶声波测深的途径为全大洋海底制图，需要约200年，还不包括更加复杂的浅水海域。而用卫星遥感技术测量全大洋地形，只需要1年。目前，海洋卫星遥感技术是海底测量的主要手段。海洋会不断释放出电磁波能量，海洋卫星上的传感器就是专门用来记录、分析电磁波的特殊仪器。按照工作方式，传感器可分为主动式传感器和被动式传感器。利用海洋卫星遥感技术，可对大面积海域实现实时、同步、连续的测量。科学家将卫星遥感测量与船舶声波测深结合起来，从而取得精确的海底测量资料。

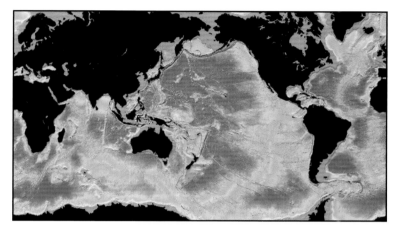

2009年，美国国家海洋和大气管理局（NOAA）结合卫星测高重力资料及船载回声测深资料，绘制了全大洋海底地形图。

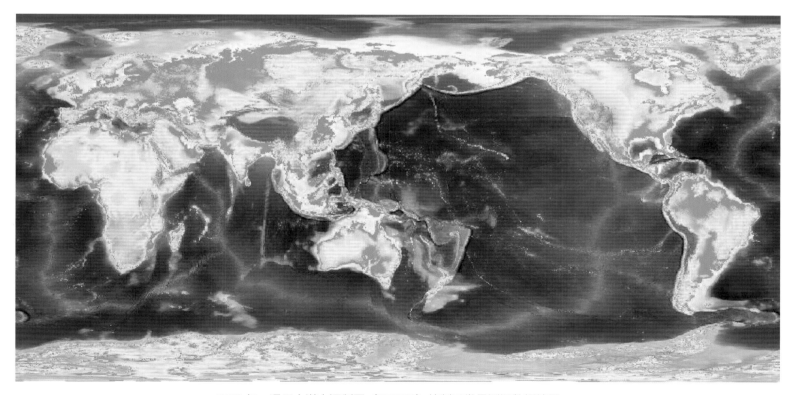

2022年，通用大洋水深制图（GEBCO）绘制了世界测深数据地图。

潜入深海

人类进入深海很难，不但会有呼吸的问题，还需要承受巨大的水压。海洋每加深10米会增加一个大气压，如果下潜到马里亚纳海沟的深度，人体就要承受1100个大气压的巨大水压。这相当于2000头大象踩在人的背上。所以说与"上九天揽月"一样，"下五洋捉鳖"也是人类挑战极限、拓展空间的壮举。

自由潜水

自由潜水是不借助任何设备的潜水活动，最早可以追溯到明朝《天工开物》里记载的"没水采珠"，这种潜水活动能到30米深就很了不起。现在作为极限运动的"自由下潜"世界纪录是121米。

《天工开物》中描绘了明朝采珠人潜水作业的景象

如果背上氧气瓶，人就可以在水下呼吸，这种水肺潜水能够比较持久，而且可以下潜很深，现在水肺潜水的最深纪录已达到332米。

潜水球

潜水球是一种内部为常压的潜水舱。这种载具有厚壁以抵抗水压，使舱内压力不会被水压改变。世界上首个潜水球由美国工程师奥蒂斯·巴顿制造于1930年。这种深潜设备在1960年的下潜纪录达到1350米。

1986年，中国第一艘载人潜水器"7103救生艇"成功下潜300米，迈出了中国载人深潜事业的第一步。

潜水员正从潜水球中钻出

美国"阿尔文号"深潜器

美国"阿尔文号"深潜器于1964年首次下水，设计深度4500米，至今已完成近4700次下潜，为深海探索立下了大功。它还曾参与"泰坦尼克号"的搜寻工作。"阿尔文号"的载人舱外壳为球形，材料用的是钛合金，可以同时乘坐3人。

美国"阿尔文号"深潜器

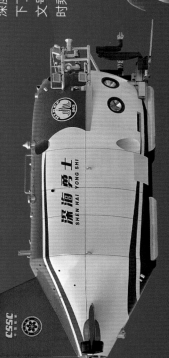

中国"深海勇士号"载人潜水器的作业能力可以达到水下4500米

苏联"和平号"深潜器需要2个小时就可达到6000米深的海底

0
100
300
1000
5000
6000

中国"蛟龙号"载人潜水器

2010年7月，中国第一台自主设计和集成研制的载人潜水器"蛟龙号"下潜深度达到3759米，中国成为继美国、法国、俄罗斯、日本之后，世界第五个掌握3500米大深度载人深潜技术的国家。2012年6月，"蛟龙号"成功下潜7062米。

中国"蛟龙号"载人潜水器

"蛟龙号"在南海海底展示五星红旗

潜航员操纵载人潜水器在6900多米的深海中作业

瑞士"的里雅斯特号"潜水器

20世纪50年代，瑞士的皮卡德父子造出了"的里雅斯特号"潜水器。这艘潜水器外形酷似飞艇，底部是载人球舱，上端用一个装满汽油的筒提供返航时的浮力。1960年，"的里雅斯特号"在马里亚纳海沟进行下潜，在水深9000米处时一个观察窗突然出现裂缝，但潜航员依然决定继续下潜。最终，"的里雅斯特号"成功到达马里亚纳海沟底部，虽然无法在海底航行和作业，但它是世界第一艘到达这里的载人潜水器。

瑞士"的里雅斯特号"潜水器

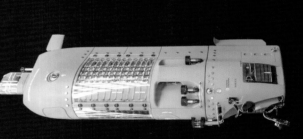

澳大利亚"深海挑战者号"载人潜水器

澳大利亚"深海挑战者号"载人潜水器高7.3米，重12吨，仅能容纳一人。潜水器安装有多个摄像头，可以全程3D摄像。2012年，加拿大导演詹姆斯·卡梅隆乘坐"深海挑战者号"抵达太平洋下约1万米深处的马里亚纳海沟，成为世界第一位独自一人潜入潜入万米深海的挑战者。

澳大利亚"深海挑战者号"载人潜水器

中国"奋斗者号"载人潜水器

7000

8000

9000

10000

11000

"奋斗者号"载人潜水器

"奋斗者号"高4米，长10米，宽3米，重35吨，是中国自主研制的万米载人潜水器。2020年11月10日，"奋斗者号"载人潜水器在马里亚纳海沟成功坐底10909米，并停留6个小时，刷新了中国深海科学考察纪录。截至2022年，"奋斗者号"已完成21次万米下潜，27位科学家通过"奋斗者号"到达全球海洋最深处，中国万米深潜作业次数和下潜人数已经位居世界首位。

"奋斗者号"载人潜水器首次常规科考

2021年10～12月，"探索一号"支持船搭载"奋斗者号"赴西太平洋海域执行深渊科考任务，历时59天。航次期间，"奋斗者号"载人潜水器在7700～10900米深度共下潜28次，其中7次超过万米，在马里亚纳海沟的挑战者深渊最深区域进行了科考作业，采集了一批珍贵的深渊水体、沉积物、岩石和生物样品。17名科技人员首次参加"奋斗者号"下潜。

"奋斗者号"的外壳由特殊浮力材料构成，其结构在显微镜下就像海洋球一样，混合了树脂基材后，可以帮助潜水器从万米深海浮上水面。

为"奋斗者号"保驾护航的"探索一号"支持船（右）和"探索二号"保障船

"奋斗者号"锂电池的外壳由密封箱包裹。锂电池之间的空隙里充满了油，这样就可以快速将热量散发到箱外，保护电池正常运转。

"奋斗者号"下潜历程

"奋斗者号"进行深海科考前，要从"探索一号"支持船上被布放到海面。接到下潜命令后，蛙人会帮助潜水器脱钩下沉。临近海底时，潜水器会抛掉载压铁使自己达到悬浮水中的均衡状态。到达一定深度后，科考队员会综合考虑潜水器速度、姿态和海底地质情况，控制潜水器在海底着陆。坐底后，潜水器会在海底进行拍摄、巡航、采集海洋生物和海水样本等工作。作业结束，潜水器抛载上浮，并通过蛙人挂缆绳、起吊等一系列操作回到母船上。

深

海

"奋斗者号"载人舱

　　载人舱是"奋斗者号"的核心部件，可搭载 3 名潜航员和科学家。他们的安全至关重要，所以在设计制作载人舱时，科学家选择了性能优良的钛合金作为原材料，并将舱体制作成抗压性能非常好的圆球形，以对抗深海的压力。

　　面对深海复杂的地形，"奋斗者号"有负责成像绘图的测深侧扫声呐和前视成像声呐，有负责躲避障碍的定位声呐、多普勒声呐和避碰声呐，还有负责与母船联络的水声通信机。

机械手可轻松完成水下布放、拾取等操作

水下机器人

　　水下机器人又称无人潜水器，是一种能在水下工作的机器人，主要分为遥控式水下机器人和自主式水下机器人两种。通过搭载各种探测和水下作业工具，水下机器人可以承担安全搜救、管道检查、船体修复、海洋资源调查与勘探、水下考古、渔业捕捞等多项工作。水下环境危险恶劣，人的潜水深度有限，所以水下机器人已经成为开发利用海洋资源，进行深海科学考察的重要工具。

1985 年，中国第一台有缆水下机器人"海人一号"诞生。

遥控水下机器人

　　遥控水下机器人又称有缆无人遥控潜水器，由水面设备（操纵控制台、电缆绞车、吊放设备、供电系统等）和水下设备（中继器和潜水器本体）组成。潜水器本体在水下靠推进器运动，本体上装有观测设备（摄像机、照相机、照明灯等）和作业设备（机械手、切割器、清洗器等）。潜水器的水下运动和作业，由操作员在水面母船上控制和监视。母船靠电（光）缆向本体提供动力和交换信息。遥控水下机器人的应用十分广泛，包括海洋石油开采、海底勘察、电缆铺设和维护等。

2020 年，中国"海龙 11000"万米级有缆无人潜水器在西太平洋进行首次海试。

"赫拉克勒斯号"遥控水下机器人正在进行海底岩石采样工作

遥控水下机器人正在维护水下油气田开采设备

自主式水下机器人外形大多类似小型潜艇或鱼雷，适合长期性、例行性或有危险性的工作，如执行油田探索、空难残骸搜寻、海图测绘、排除水雷等任务。

下潜中的自主式水下机器人

1994 年，中国成功研制了第一台自主式水下机器人——"探索者号"，它的工作深度为 1000 米。

自主式水下机器人

自主式水下机器人又称无缆无人遥控潜水器。它自备电源，有一定的智能。操作人员只需要通过程序控制下达任务，机器人就能识别和分析环境，自动规划行动、回避障碍，自主地完成指定任务。

"海斗一号"自主遥控潜水器

"海斗一号"是中国研制的一个全海深自主遥控潜水器。2020 年 4 月 23 日，"海斗一号"搭乘"探索一号"支持船在马里亚纳海沟完成了 4 次万米下潜，其中最大下潜深度为 10907 米，创下当时中国潜水器最大下潜深度纪录。2021 年 10 月初，"海斗一号"在马里亚纳海沟 10800 米以下深渊海区科考，最大下潜深度达到 10908 米。"海斗一号"的成功研制、海试与试验性应用，是中国海洋技术领域的一个里程碑，为中国深渊科学研究提供了一种全新的技术手段，也标志着中国无人潜水器技术跨入了一个可覆盖全海深探测与作业的新时代。

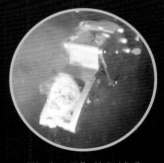

"海斗一号"的机械手
在马里亚纳海沟取样

"海斗一号"自主遥控潜水器全长 3.8 米，像一条大鱼游弋于万米海底。

科学大洋钻探

现代社会的发展，伴随着人类视野与活动空间的不断拓展。60多年前，中国地质学家尹赞勋提出了"上天，入地，下海"的奋斗目标。如今，人类的太空和海底探索已经有了显著的成果，但是"入地"的进展却相对缓慢 相对于地球半径，最深的钻井不及其2‰。由于深海海底的地壳最薄，靠近地球内部最近，因此人类想要直接探测地球内部，从深海海底向下打钻是最佳途径。20世纪60年代初，科学家就启动了旨在打穿洋壳的"莫霍"计划，虽然没有成功，但却由此引发了持续半个多世纪的科学大洋钻探。

大洋钻探发展历程

科学大洋钻探发展至今经历了四个阶段。1968年，美国钻探船"挑战者号"首航墨西哥湾，开始了"深海钻探计划（DSDP）"，完成了96个成绩辉煌的航次，接连带出科学奇闻，成功吸引了各国的注意。1985年，大洋钻探开始了被称为"大洋钻探计划（ODP）"的第二阶段，由更加先进的"决心号"执行，成果也格外显著，吸引了22个国家和地区参与，使得大洋钻探成为举世瞩目的国际计划。进入21世纪，大洋钻探进入空前繁荣的第三阶段——"综合大洋钻探计划（IODP）"，钻探平台演变为美国"决心号"、日本"地球号"和欧洲"特定任务平台"三方，开始了美国、日本、欧洲联合主导的新局面。这种联合主导的局面一直延续到目前正在运行的"国际大洋发现计划（IODP）"，即大洋钻探的第四阶段，现阶段的参与国家有23个，中国是仅次于美国、日本、欧洲的重要资助方。

大洋钻探发现

50多年来，为了开展科学大洋钻探，人类在全球大洋钻井逾4000口、获取岩芯超过420千米，这些岩芯是亿万年来海洋变迁的宝贵历史档案，大洋钻探把埋没在海底的"史书"取了上来，发现了许多出人意料的史前奇闻，比如600万年前地中海曾一度变成干涸的盐池，5000万年前北冰洋曾是个暖温带淡水湖，飘满了淡水浮萍满江红；发现了生活在海底岩石里的微生物群——"深部生物圈"，这里是地球上微生物最大的储库，它们可以享有远超"万岁"的高寿。大洋钻探还证明了6500万年前恐龙灭绝的原因，确实是小行星撞击了地球。这些新发现改变了地球科学各个领域的发展轨迹，对人类认识海洋、理解地球演化规律起到了巨大推动作用。

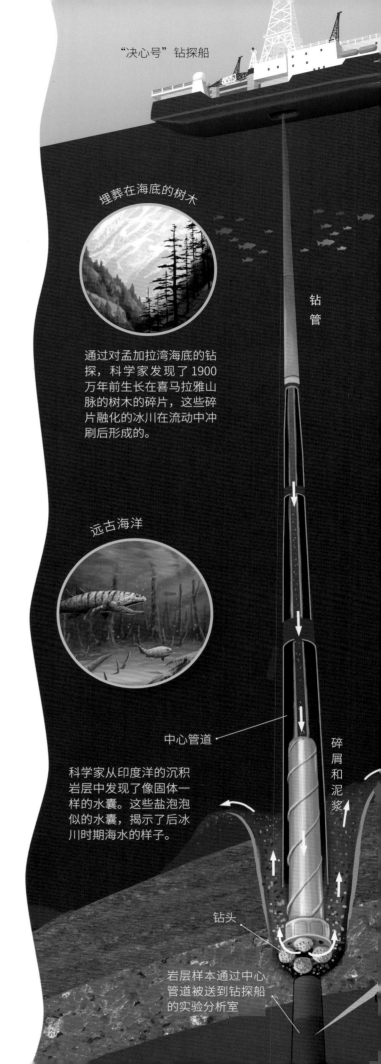

"决心号"钻探船

埋葬在海底的树木

通过对孟加拉湾海底的钻探，科学家发现了1900万年前生长在喜马拉雅山脉的树木的碎片，这些碎片融化的冰川在流动中冲刷后形成的。

钻管

远古海洋

科学家从印度洋的沉积岩层中发现了像固体一样的水囊。这些盐泡泡似的水囊，揭示了后冰川时期海水的样子。

中心管道

碎屑和泥浆

钻头

岩层样本通过中心管道被送到钻探船的实验分析室

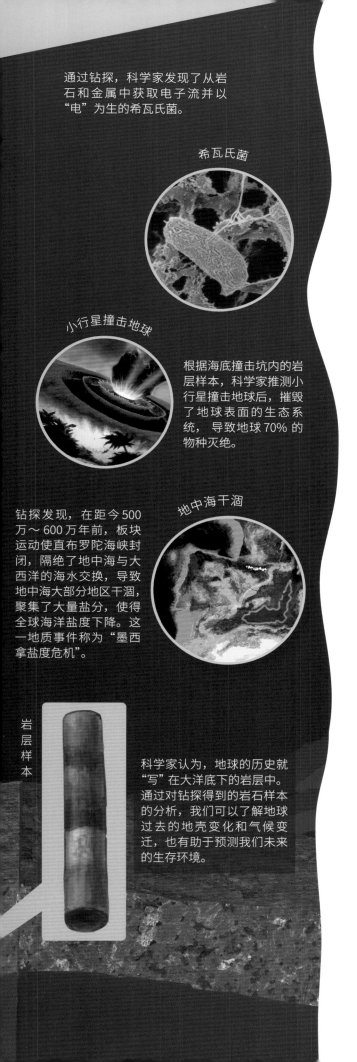

通过钻探，科学家发现了从岩石和金属中获取电子流并以"电"为生的希瓦氏菌。

希瓦氏菌

小行星撞击地球

根据海底撞击坑内的岩层样本，科学家推测小行星撞击地球后，摧毁了地球表面的生态系统，导致地球70%的物种灭绝。

钻探发现，在距今500万～600万年前，板块运动使直布罗陀海峡封闭，隔绝了地中海与大西洋的海水交换，导致地中海大部分地区干涸，聚集了大量盐分，使得全球海洋盐度下降。这一地质事件称为"墨西拿盐度危机"。

地中海干涸

岩层样本

科学家认为，地球的历史就"写"在大洋底下的岩层中。通过对钻探得到的岩石样本的分析，我们可以了解地球过去的地壳变化和气候变迁，也有助于预测我们未来的生存环境。

南海大洋钻探

中国于 1998 年加入科学大洋钻探，1999 年中国科学家在中国南海领导实施了南海第一个大洋钻探航次（ODP184），实现了中国海域科学大洋钻探零的突破。加入科学大洋钻探以来，中国科学家领导设计并实施了 4 个南海大洋钻探航次。通过这些大洋钻探航次，科学家取得了南海海盆成因、气候演变的重要证据，提出了板缘张裂、低纬驱动的新理论。

"决心号"上的钻探工人正在安装钻杆，准备对南海北部进行钻探。

南海洋陆过渡带的玄武岩岩芯样品

科学家在岩芯样品中发现了3000 万年前生活在南海的有孔虫化石

未来科学大洋钻探

当前的"国际大洋发现计划"将于 2024 年结束，全球科学家正在研究发起新一轮国际大洋钻探计划，中国将大有可为。目前，中国自主设计建造的天然气水合物钻采船已于 2022 年 12 月下水，将于 2024 年投入使用。同时，中国将在上海临港建设国际大洋钻探岩芯库，将大洋钻探岩芯存储在中国，与全球科学家共享，以研究地球演化的历史。未来，中国的钻探船可在全球大洋执行国际大洋钻探航次，跻身新一轮国际大洋钻探的领导核心。

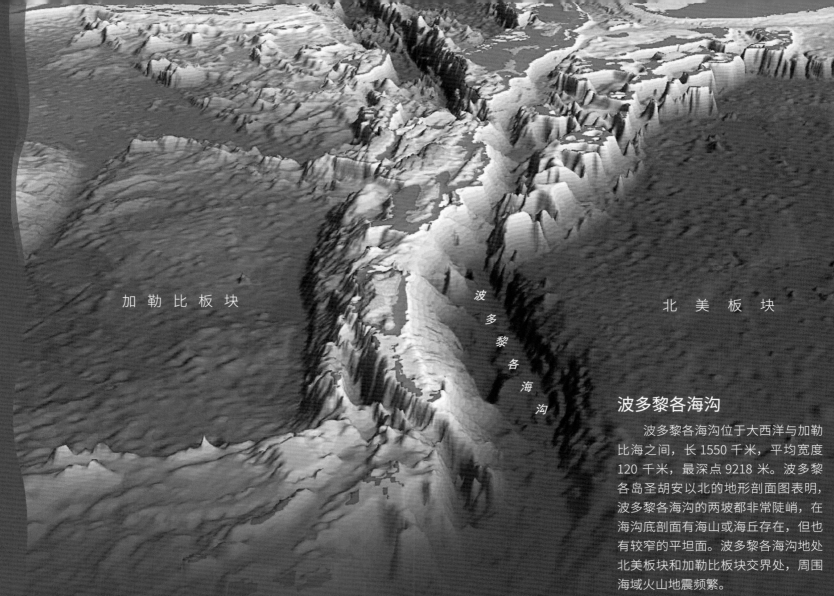

加勒比板块

波多黎各海沟

北美板块

波多黎各海沟

波多黎各海沟位于大西洋与加勒比海之间，长 1550 千米，平均宽度 120 千米，最深点 9218 米。波多黎各岛圣胡安以北的地形剖面图表明，波多黎各海沟的两坡都非常陡峭，在海沟底剖面有海山或海丘存在，但也有较窄的平坦面。波多黎各海沟地处北美板块和加勒比板块交界处，周围海域火山地震频繁。

海沟

海沟是位于海洋中的两壁较陡、水深大于 5000 米的狭长沟槽，是海底最深的地方。海沟是海洋板块与大陆板块相互作用的结果，分布于活动大陆边缘，且与大陆边缘相对平行，主要见于环太平洋地区。海沟常呈弧形或直线形分布，长 500 ～ 4500 千米，宽 40 ～ 120 千米。目前，全球已知的海沟有 30 多条，水深超过 1 万米的海沟有 6 条。海沟深处水压极高，完全黑暗，温度低，含氧量低，无任何声响，是地球上环境最恶劣的区域之一，但也生活着许多鲜为人知的神奇生物。

世界主要海沟分布示意图

（图中标注：阿留申海沟、千岛海沟、日本海沟、琉球海沟、小笠原海沟、马里亚纳海沟、菲律宾海沟、新不列颠海沟、爪哇海沟、新赫布里底海沟、汤加海沟、波多黎各海沟、中美海沟、秘鲁—智利海沟、南桑威奇海沟）

深海探秘

192

马里亚纳海沟

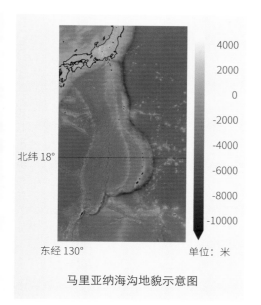

马里亚纳海沟地貌示意图

马里亚纳海沟位于马里亚纳群岛附近的太平洋洋底，是已知的全球最深的海沟，又称"全球海拔最低处"。马里亚纳海沟全长 2550 千米，平均宽 70 千米，大部分水深在 8000 米以上。马里亚纳海沟最深处在斐查兹海渊，水深 11034 米，是地球上最深的地方。如果将地球最高峰珠穆朗玛峰放入马里亚纳海沟，其峰顶都不会超出海平面。1951 年，英国"查林杰 8 号"探测船发现了这个海沟，此后苏联、英国、美国、日本、中国等国家都对马里亚纳海沟进行了探测及科学考察。

中国"科学号"遥控无人潜水器在马里亚纳海沟南侧海山拍摄到的"海底花园"

中国"发现号"遥控无人潜水器发现的深水海蛞蝓

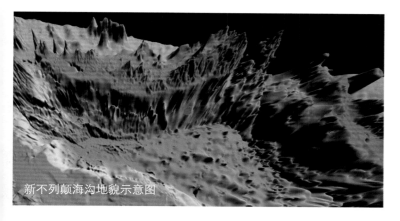

新不列颠海沟地貌示意图

美国"地平线号"研究船

新不列颠海沟

新不列颠海沟位于西南太平洋新不列颠岛以南，最大深度为 9140 米。新不列颠海沟地处太平洋板块、澳大利亚板块等复杂板块的交界地带，地质构造非常复杂，海洋生态比较脆弱。2016 年 8 月，中国"张謇号"科考船上的"彩虹鱼"项目团队与澳大利亚工程技术人员，在新不列颠海沟的西部海域联合展开海洋环境调查。

汤加海沟

汤加海沟位于太平洋中南部汤加群岛以东，北起萨摩亚群岛，南接克马德克海沟。海沟全长约 1375 千米，平均深度 6000 米，宽度约 80 千米，最大深度为 10882 米，是南半球最深、全球第二深的海沟。汤加海沟的最深点平均深度 10800 米，是南半球最深的地方。1952 年 12 月，美国"地平线号"研究船的船员测量了这里的深度，将此地命名为"地平线深渊"。

爪哇海沟

爪哇海沟位于印度洋东北部的苏门答腊岛和爪哇岛的南岸，又称印度尼西亚海沟、双巽他海沟，最大深度为 7450 米。爪哇海沟是人类调查最早的海沟之一，20 世纪 20 ～ 30 年代，荷兰探险队在这里进行了海底地形调查。荷兰地球物理学家韦宁·迈内兹在这里发现了平行岛弧的海沟负异常带，从而提出了地壳在海沟区俯冲的概念。

生活在爪哇海沟里的烟灰蛸有着与大多数章鱼不同的形态，被科学家称为"小飞象"。

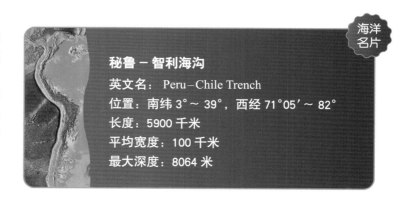

海洋名片

秘鲁－智利海沟
英文名：Peru–Chile Trench
位置：南纬 3°～ 39°，西经 71°05′～ 82°
长度：5900 千米
平均宽度：100 千米
最大深度：8064 米

深海热液

1977 年，美国"阿尔文号"在加拉帕戈斯裂谷区 2500 米深处的火山口周围首次发现了深海热液，这也是人类首次发现完全不依赖阳光的生态环境。深海热液类似于陆地上的温泉，但是它们大多位于海脊和海沟附近，有些热泉在冒出地面时会在出口处形成烟囱似的石柱，从烟囱中涌出的热液温度很高，最高可达 400℃。深海热液环境中有丰富的可溶性化学物质，这些化学物质和较高的温度成了一些细菌生长的"温床"，它们在海底形成厚厚的丝状细菌垫。同时，一些长相奇特的蠕虫、海葵、海绵、铠甲虾、双壳动物、多毛动物等与它们共生，构成特殊的深海热液生物群落。

"黑烟囱"和"白烟囱"

从一些热液口喷出的热水中含有大量的可溶性金属硫化物，当它们与较冷的海水相混合时，会转化为黑色的固体颗粒，其中一些矿物质会在喷口处堆积成一层外壳，形成烟囱的样子，这种热液泉口称为"黑烟囱"。另一些喷口处的黑色硫化物会以固态的形式从溶液中析出，沉降到海底，而其他矿物质随热水喷出。这种喷口会冒出乳白色或香槟色的含有硅化物的"烟"，因此称为"白烟囱"。

热液环境中的烟雾对于大部分海洋生物来说是致命的，但是在这种环境里却也有大量的海洋生物繁衍生息。

深海热液中的生命

　　热液位于缺少阳光的深海，但是热液生物针对这种极端的环境却演化出了独特的适应机制。热液口周围的一些细菌拥有氧化硫化物的酶系统，让他们可以从硫化物中获得化学能。一些蠕虫的体内也能够产生特殊的蛋白质，对硫化物有解毒的作用。如管栖蠕虫体内就含有多数软体动物不具备的血红蛋白，这种血色素能帮助这些热液动物更好地适应缺氧环境。

　　管栖蠕虫深红色的羽状物可以从深海热液中收集硫化物，供细菌生产有机物质，而这些有机物质就是管栖蠕虫的食物。

管栖蠕虫可以长到 2 米长，它们常聚集在热液口的周围。

2015 年 1 月 14 日，"蛟龙号"在西南印度洋的龙旂热液区下潜，在一低温热液区布放了硫化物生长仪和生物捕获器等仪器，采集到了生活在热液口区域的铠甲虾。

热液口周围生活的白化鳗鱼

缺少阳光会让热液口的动物出现白化现象

"蛟龙号"在西南印度洋海底拍摄到了堆积着硫化物的"烟囱"

深海热液中的矿藏资源

　　多金属硫化物矿床是热液活动的产物，富含铜、锌、铁、锰等金属和稀有金属。多金属硫化物大部分储存于2000～3000 米深的海底，是继大洋锰结核之后人类发现的又一具有巨大开发远景的海底矿产资源。它和大洋锰结核、富钴结壳、可燃冰等新型资源一同被誉为 21 世纪人类可持续发展的战略接替资源，具有很好的科研与商业应用前景。

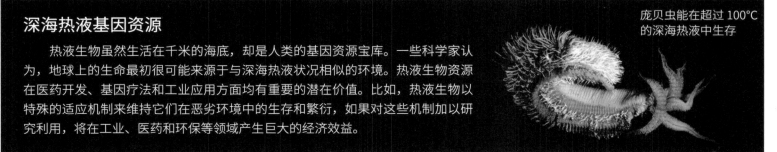

深海热液基因资源

　　热液生物虽然生活在千米的海底，却是人类的基因资源宝库。一些科学家认为，地球上的生命最初很可能来源于与深海热液状况相似的环境。热液生物资源在医药开发、基因疗法和工业应用方面均有重要的潜在价值。比如，热液生物以特殊的适应机制来维持它们在恶劣环境中的生存和繁衍，如果对这些机制加以研究利用，将在工业、医药和环保等领域产生巨大的经济效益。

庞贝虫能在超过 100℃ 的深海热液中生存

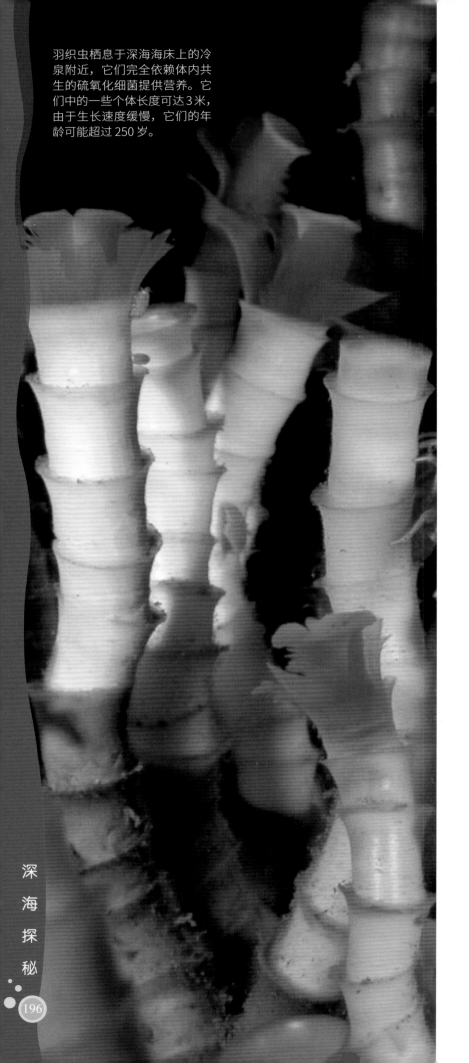

羽织虫栖息于深海海床上的冷泉附近，它们完全依赖体内共生的硫氧化细菌提供营养。它们中的一些个体长度可达3米，由于生长速度缓慢，它们的年龄可能超过250岁。

深海冷泉

　　来自海底沉积界面之下的以水、碳氢化合物（石油、天然气、可燃冰）、硫化氢、细粒沉积物为主要成分的流体，以喷涌或渗漏方式从海底溢出，并产生一系列的物理、化学及生物作用，这种作用及其产物称为冷泉。人类发现深海冷泉已近40年，这是继深海热液之后的又一个重大发现，冷泉与热液都反映了海底的极端环境。其实，深海冷泉的"冷"是相对于深海热液而言的，冷泉的温度与周围海水温度相近，有时甚至稍高，约2℃～4℃。深海冷泉常呈线性群产出，主要集中分布于断层和裂隙的发育地区，经常伴生着大量自生碳酸盐岩、泥火山、麻坑、盐水池等深海奇观。冷泉是探寻可燃冰的重要标志之一，冷泉生态系统也是研究地球深部生物圈的窗口之一，目前人类对深海冷泉的研究仍处于初级阶段。

海底盐池

　　海底盐池是位于海洋盆地中含有极高浓度盐水的水池，常出现在冷泉附近，其盐水的盐度可达周遭海水的3～8倍。极高浓度的盐水，同时让池水的密度变得极高，不容易和周遭的海水混合在一起，从而形成明显的分界，因此海底盐池又称"海底湖"。海底盐池中含有高浓度的甲烷，对于大多数的海洋动物来说是致命的，无意在盐池中逗留的鱼会中毒休克，出现所谓的"溺水"现象。但是，海底盐池周围依然生活着一些可以适应极端环境的海洋生物，如贻贝、短鼻银鲛等。

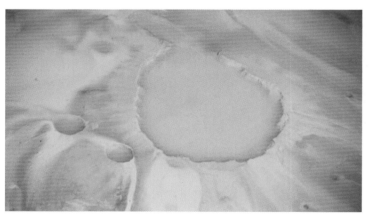

盐水池析出的盐矿覆盖着海床

深海冷泉生态系统

　　与深海热泉一样，冷泉周围也是一个生命十分活跃的地区。在深海冷泉周围，甲烷氧化菌和硫酸盐还原菌为这里的生物提供了最基础的碳源和能量，成为冷泉生态系统的初级生产者。在此基础上，贻贝类、蛤类等双壳动物，羽织虫、冰蠕虫等多毛动物，以及海星、海胆、铠甲虾等动物构成一级消费者，其中羽织虫只出现在冷泉流速较低的环境。冷泉中的二级消费者有鱼类和蟹类等。

冷泉区中与贻贝共生的虾

石蟹

贻贝

海葵

"蛟龙号"拍摄的贻贝、毛瓷蟹和蜘蛛蟹等海底生物图像

2019年5月，中国科研人员搭乘"海洋6号"科学考察船，使用"海马号"和"探索4500"两套潜水器在南海北部陆坡的西北部海域开展联合调查，发现了新的海底大型活动性冷泉，基本查明其分布范围、地形地貌、生物群落、自生碳酸盐岩结构特征与流体活动关系。

六放珊瑚

海山生态

　　大洋深处，除了有热液和冷泉这类特殊的"生命绿洲"外，在广阔的深海海山上，还有众多神奇的"深海花园"。这些花园里生物种类繁多，让海山成为深海生物多样性最为丰富的区域之一。海山大部分为岩石底质，主要由滤食性、附着或固着生活的物种构成，其中海绵、珊瑚、海葵、海笔、水螅、海百合等为优势生物，还有甲壳动物、软体动物、纽虫、星虫等其他底栖动物。另外，海山也是鱼类大量聚集的地方。海山生态系统往往具有独特的分布、地形和环境等特征，并对生物分布、海水流动、海洋渔业、矿产资源和气候变化等产生重要影响。目前人类对生机勃勃的深海生态系统了解甚少，全球有3万多座海山，而人类真正探索并研究过的海山不超过1/10。

冷水珊瑚

　　冷水珊瑚栖息于海底，多见于海山生态系统中，是不同于浅水珊瑚的一种深水珊瑚。一般的珊瑚生活在海面以下几十米以内的地方，需要靠光合作用维持生命；而冷水珊瑚可以在海面以下数千米处生活，主要以浮游生物及浅水层沉降下去的有机质为食。冷水珊瑚生态系统是海洋生物、化学和碳循环等过程的一个关键环节，为海蛇尾、铠甲虾、鼠尾鳕等生物提供庇护所。由于冷水珊瑚栖息于深海，它们的骨骼保存着丰富的海洋环境变化信息，因此冷水珊瑚具有极高的古环境再造的研究价值。

虹柳珊瑚常分布于深海海山上，它们是目前已知的世界上最长的柳珊瑚。铠甲虾常栖息于这些珊瑚上，在这里捕食、繁衍、躲避天敌。

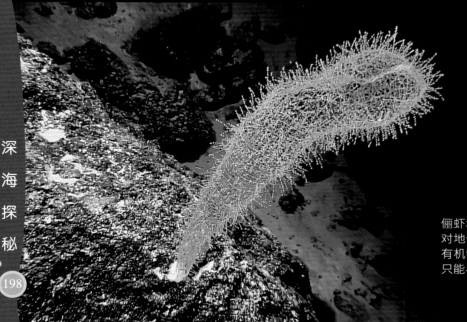

偕老同穴

　　偕老同穴又称维纳斯花篮，为玻璃海绵的一种，是海山生态系统中常见的一类海绵动物。偕老同穴外观形似高脚杯或花瓶，几何构造非常独特，由三轴六放玻璃样的骨针构成其骨架。偕老同穴的骨针晶莹剔透，相互交错，看起来十分美观。偕老同穴有着海绵动物的典型特征，其体表有无数进水孔，依靠水流带进的食物和氧气存活，并靠水流排出废物。偕老同穴和许多海洋生物有共生关系，能为海蛇尾和虾类等各种小动物提供安身之所。

俪虾和偕老同穴是共生关系，俪虾会在小时候成双结对地住进偕老同穴的体腔内生活，取食随海水流进的有机物。当俪虾长大后，已无法从海绵的孔洞离开，只能与偕老同穴"白头偕老"。

海山上的富钴结壳

富钴结壳又称钴结壳、铁锰结壳，是生长在海底基岩上富含锰、钴、铂等金属元素的壳状矿床，因钴含量是多金属结核的 3 倍左右，因而名为富钴结壳。富钴结壳氧化矿床遍布全球海洋，集中在水深 400 ～ 4000 米的海山、海脊和海台的斜坡及顶部。据估计，全球约 635 万平方千米的海底为富钴结壳所覆盖，大部分位于太平洋。据此推算，钴总量约 10 亿吨。富钴结壳所含金属用于钢材可增加硬度、强度和抗蚀性等特殊性能，这些金属还可用于生产光电电池、超导体、燃料电池等产品。1987 年，中国"海洋四号"调查船在太平洋约翰斯顿岛东南海域采获 200 多千克富钴结壳，这是中国首次获得富钴结壳样品。自此，中国富钴结壳调查工作几乎没有中断。

一只海葵附着在麦哲伦海山的富钴结壳上

中国"蛟龙号"从海山取回的富钴结壳样品

在新英格兰海山发现的红水母

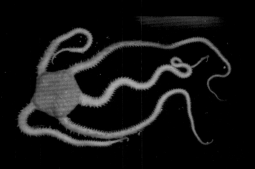
在卡洛琳海山发现的海蛇尾

在雅浦海山发现的三脚架鱼

海山保护

海山生态系统内拥有大量的渔业资源和矿产资源，因此海山生态系统易受海洋开发等人类活动的影响。近年来，世界各国对海山的保护意识逐渐增强。中国对海山生态系统的探测和保护也逐渐深入。"蛟龙号"载人潜水器、"发现号"无人潜水器等进行多次深海探测，在南海的蛟龙海山、太平洋的魏源海山、采薇海山、雅浦海山、卡洛林海山等地区获得了大量新发现及宝贵的生物样本。

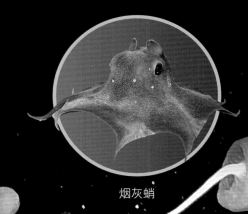
烟灰蛸

鲸落

死亡不仅是一个生命的结束，也是更多生命的开始。一只病死的羚羊，能哺育荒漠中饥肠辘辘的狼群；一棵凋零的树，能成为无数菌类的温床。而一头陨落深海的鲸，能滋养上万个生命，成为大洋荒漠中的绿洲，"点亮"一个生态系统。鲸生于海洋，归于海洋，它们的死亡是生命轮回的浪漫奇迹，是这世间最为慷慨而温柔的别离，这就是鲸落。

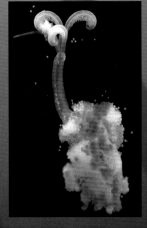

食骨蠕虫以鲸骨骼中的脂类为食，科学家目前只在鲸落中发现过它们的踪影。

鲸落的价值

"一鲸落，万物生"，对于深海中的生物而言，鲸落是一份极其贵重的礼物。鲸落不仅支撑了大批深海生物的生存和繁殖，还可以作为这些生物的"落脚点"和"加油站"，帮助它们远距离扩散和迁移。鲸落是新生命的摇篮，科学家已在鲸落中发现 16 种全新物种。但令人担忧的是，受到全球气候的变化及人类活动的影响，海洋中鲸类数目急剧减少，鲸落也变得稀少，这对海洋物种多样性和生态平衡都会产生消极的影响。

在食物稀少的深海荒漠，鲸落可以让大王具足虫饱餐一顿后，维持 5 年左右不进食。

移动清道夫阶段

在移动清道夫阶段，鲸尸刚刚沉入海底，盲鳗、鲨鱼等生物以鲸尸的腐肉和内脏等为食。这个过程可持续 4 ～ 24 个月。

机会主义者阶段

这个阶段里，"机会主义者"指的是那些能够在短期内适应环境并迅速繁殖的无脊椎动物，如各类蠕虫和甲壳动物，它们会以鲸的残骸作为栖息环境。这个过程最多可持续 50 年。

鲸落的过程可分为移动清道夫阶段、机会主义者阶段、硫化自养阶段、礁岩阶段。这 4 个阶段通常是重叠或混合产生的，持续时间会根据鲸的大小和种类而有所不同。沉降在深海的鲸尸经过 4 个阶段的演化，它原来的身体形态会有巨大变化。

盲鳗

哨食腐肉的六鳃鲨

密集的食骨蠕虫将鲸骨染成了红色

满身恶臭的鼠尾鱼在鲸尸旁缓慢地游荡

鼠尾鱼

盲鳗

蠕虫

大王具足虫

海蛇尾

菌毯为海尾蛇等海洋生物提供了食物

深海蟹

鲸落的发现

　　并不是所有的鲸死后都会形成鲸落，只有达到 30 吨级别的鲸才能形成繁盛的鲸落，而满足这一要求的鲸不到 10 种。目前，全球自然造就的鲸落不到 50 个。1987 年，美国科学家首次发现鲸落生态系统。1998 年，夏威夷大学的研究人员发现，在北太平洋的深海中，至少有 43 个种类、12490 个生物体是依靠鲸落现象而生存的。2020 年，中国科学家乘"深海勇士号"载人潜水器，在南海 1600 米水深处发现一具长约 3 米的鲸类尸体，这是中国第一次在南海发现鲸落。

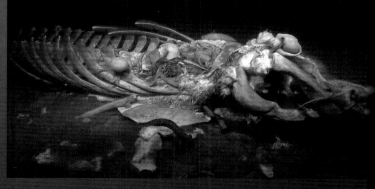

章鱼附着在鲸骨表面

海女虫

1998 年，一头 35 吨重的灰鲸沉入圣克鲁斯海盆 1600 多米深的海底。6 年后科学家拍摄了鲸落照片，灰鲸的骨骼已被厚厚的菌毯覆盖。

硫化自养阶段

　　在硫化自养阶段，大量厌氧菌进入鲸骨，使用溶解在水中的硫酸盐作为氧化剂，产生硫化氢。一些硫化菌将硫化氢作为能量的来源，而与这些细菌共生的贝类也因此有了能量补充。

礁岩阶段

　　当残余鲸落中的有机物质被消耗殆尽后，鲸骨的矿物遗骸就会作为礁岩并成为生物的聚居地。虽然这里已经看不出鲸骨的遗骸，但生命的浪漫依旧在继续上演。

无孔贻贝

深海螺

这是鲸尾的
原有形状

沉降在深海的鲸尸经过 4 个阶段的演化，已看不出原来的身影了。

细菌附着
在鲸骨上　　无孔贻贝

深海螺

礁岩化的鲸骨

菌毯

散落分布在鲸骨周围的
有机物养育着各种菌毯

海洋保护

随着科学技术的发展和探寻海洋资源进程的加快，人类不断加深对海洋的认识。我们在关注海洋资源如何造福人类的同时，也必须关注海洋保护，并积极采取相应的措施，才能实现可持续发展。海洋与人类的关系十分密切，深海与人类的关系更不容忽视，减少、防止和控制人类活动对深海环境造成污染及其他危害，是我们每个人的责任和义务。

中国"保护海洋资源"邮票

海洋保护条约

19世纪中期，欧洲就出现了早期的保护海洋生物的条约。进入20世纪，因国际海运需求增长，海上油污污染问题逐渐严重，1954年，伦敦举行了防止船舶污染海洋的国际会议，并签订了《国际防止海上油污公约》，这是第一个旨在防治海洋污染的国际条约。1972年，国际海事组织制订《防止倾倒废物及其他物质污染海洋的公约》，确保缔约国采取行动以控制倾倒废物带来的海洋污染。1982年，《联合国海洋法公约》签订。

《联合国海洋法公约》是海洋法中最重要的国际公约，确立了人类利用海洋和管理海洋的基本法律框架，有"海洋宪章"之称。

海洋生物多样性保护

海洋生物资源的过度利用，海洋自然环境的破坏、污染，生物入侵，全球气候变化等都会威胁海洋生物多样性。为保护海洋中所有生物物种及其所处的生态系统，人类需要付诸一系列行动。我们要树立正确的生态观，停止继续损害海洋生物多样性的行为；建立海洋自然保护区，保护珍稀、濒危的物种；对于许多稀有物种或处于濒危状态的物种，采取异地保护措施；按照生态学原则恢复退化的生态系统；加强生物多样性的调查、监测；加强海洋生物多样性保护的国际合作。

在新西兰南岛的海滩，人们正在尝试救助搁浅的鲸。

世界海洋日

联合国大会在2008年将每年的6月8日确定为"世界海洋日"，该节日旨在支持全球可持续发展目标的落实，并鼓励公众参与保护海洋和可持续管理海洋资源的行动，告诉公众人类活动对海洋的影响，推动全球公民守护海洋。

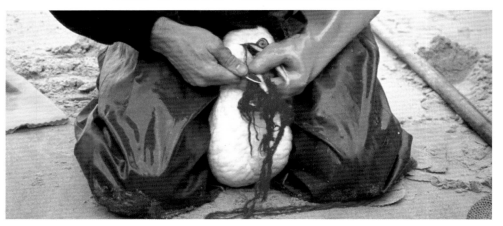

科学家在救助被渔网困住的鲣鸟

海洋保护区

海洋保护区是以保护海洋生态系统、海洋珍贵物种、自然遗迹和自然景观、海洋生物多样性等为目标，按照相关法律法规制定并实施管理的区域。建立海洋保护区可以增加保护区内的生物资源量和周边区域的渔获量，并具有科学研究与教育意义。21世纪以来，世界各国已建立各种形态的海洋保护区，包括自然保护区、海洋公园、公海保护区等。

海洋世界遗产

海洋世界遗产是因特有的海洋价值被列入《世界遗产名录》的自然景观与文物古迹，被誉为"海洋王冠上的宝石"。被列入《世界遗产名录》的海洋遗产，每一项都历经多年严格筛选，或具有壮观的自然现象、特殊的自然美景，或为地球历史重要阶段的杰出例证，或代表沿海和海洋生态系统以及动物、植物演化与发展的重要生态和生物进程，或为保护生物多样性的重要自然生境。

深海保护

拖网捕鱼、无节制地开采海底石油、深海采矿等人类行为会破坏深海的生态环境，为了保护深海，我们需要采取深海立法、深海生态系统长期监测、深海采矿环境影响评估等方法，科学、合法、合理地利用深海资源，保护深海环境。2016年5月，《中华人民共和国深海海底区域资源勘探开发法》颁布，第一条即明确提出了"保护海洋环境，促进深海海底区域资源可持续利用，维护人类共同利益"的宗旨。

菲尼克斯群岛海洋保护区位于太平洋岛国基里巴斯，这里拥有世界上少有的珊瑚礁构成的群岛生态系统。从2015年起，菲尼克斯群岛保护区除了阿巴里灵阿环礁周围一小部分区域可允许渔业捕捞，以维持当地居民生活外，其余区域均禁止商业渔业捕捞。

橙嘴蓝脸鲣鸟

粉红琵鹭

1979年，美国佛罗里达大沼泽地国家公园作为自然遗产被列入《世界遗产名录》。大沼泽地国家公园与佛罗里达湾相邻，拥有超过2100平方千米的海洋生态系统。公园内栖息着各种爬行动物、鸟类、鱼类、哺乳动物，如玳瑁、粉红琵鹭、眼斑拟石首鱼、西印度海牛、宽吻海豚等。

宽吻海豚

对深海矿藏的开发，不可避免地会破坏矿区内底栖海洋动物的栖息环境。

203

中国海域

中国海域包括内海、领海、毗连区、专属经济区和大陆架，总面积470多万平方千米。中国海域濒临西北太平洋，大陆边缘的渤海、黄海、东海、南海相互连成一片，是北太平洋西部的边缘海，属于中国的近海。中国海岸线包括中国大陆海岸线、中国岛屿海岸线，海岸线总长3.2万多千米。中国大陆海岸线北起鸭绿江口，南至北仑河口，大陆海岸线长1.8万多千米。中国海域跨温带、亚热带和热带，共有海岛11000余个。

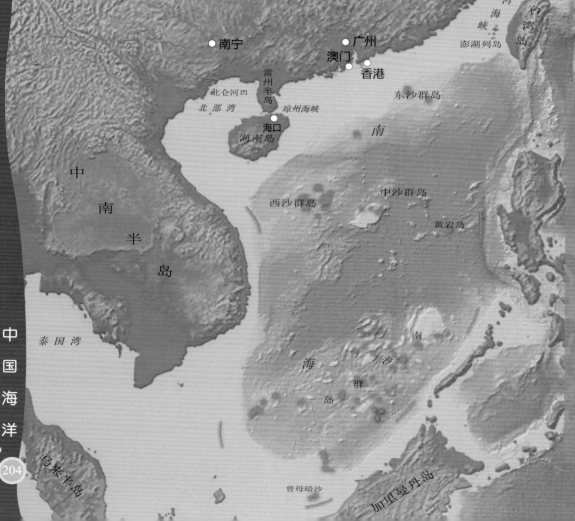

南海九段线

南海九段线是中国政府对南海诸岛及其附近海域主张领土主权和海洋权益的依据，因一般在地图上以断续的九段国界线显示而得名。南海九段线的前身为中华民国政府1947年提出、1948年正式公布的"十一段线"。中华人民共和国成立后，曾经一度保留"十一段线"的画法，但于1953年删减了这条线中涉及北部湾的两段。南海新线首现于1953年中国大陆出版的地图中，并一直延续下来，遂形成了南海九段线。自中华民国政府1948年公布南海十一段线和中华人民共和国1953年改为九段线后，直到20世纪70年代中期，从未有任何国家对此提出过异议乃至抗议。当时很多国家出版的地图上也都画上了十一段线，并标明线内区域归属中国。

鸭绿江口

鸭绿江是中国与朝鲜的界河，发源于长白山天池，最终注入黄海，全长816千米，流域面积6.4万多平方千米。鸭绿江口地处温带大陆性季风气候区，多年平均降水量1019毫米，降水量随季节变化明显。鸭绿江口拥有典型的滨海湿地生态系统，动物、植物资源丰富，各种无脊椎动物、两栖动物、鱼类、哺乳动物以及白鹳、丹顶鹤、金雕等珍稀鸟类在此地栖息。

鸭绿江口国家级滨海湿地自然保护区位于辽宁丹东，面积约814平方千米，兼具内陆湿地生态系统和海岸生态系统特征。

北仑河口

北仑河口位于广西防城港和东兴的沿海地带，为中国大陆海岸线的起点。北仑河口南濒北部湾，西与越南交界，河口宽约6千米，纵长约11.1千米。北仑河口是国家自然保护区，拥有河口海岸、开阔海岸和海域海岸等地貌类型，并有红树林生态系统、海草床生态系统等。保护区内有秋茄、木榄、红海榄等10多种红树植物，红树林里栖息着黄嘴白鹭、白琵鹭、凤头鹰等180多种鸟类。这里还有大量的海洋生物资源，有150多种大型底栖动物，其中中华鲟、鸭嘴海豆芽舌形贝等海洋动物为古老的孑遗种类。

北仑河口自然保护区为候鸟的重要繁殖地和迁徙停歇地

中国海岸类型

中国海岸类型复杂，主要有平原海岸、山地丘陵海岸和生物海岸等。平原海岸分为三角洲海岸和淤泥平原海岸，包括黄河三角洲、长江三角洲、江苏苏北平原海岸等。山地丘陵海岸主要分布于辽宁大连、山东半岛以及长江口以南的沿海地区。生物海岸分为珊瑚海岸和红树林海岸，集中分布于福建和海南的热带及亚热带地区。

台湾野柳岬角长期受海水侵蚀和风化作用影响，形成千奇百怪的海岸岩石，海滨岩礁风景奇特壮丽。

渤海

渤海旧称勃海、北海、少海，元朝后"渤海"一名沿用至今。居住于黄河流域的华夏先民首先看到的就是渤海。秦朝的秦始皇、东汉末年的曹操"东临碣石"，他们所到之处即为渤海。渤海位于中国大陆东部北端，是中国最北的内海，东面有渤海海峡与黄海相通，其余三面为大陆所围，又被视为黄海的海湾。渤海面积约 7.7 万平方千米，平均深度 18 米，最大深度约 70 米。根据地形地貌，渤海可分为辽东湾、渤海湾、莱州湾、中央浅海盆地和渤海海峡。流入渤海的主要河流有黄河、辽河、滦河和海河，海域内的主要岛屿有庙岛群岛、长兴岛、西中岛等。

庙岛群岛由 32 个岛屿组成

渤海海峡

渤海海峡位于辽东半岛老铁山岬与山东半岛之间，连接黄海、渤海，是渤海的唯一出口，有"渤海咽喉"之称。渤海海峡是中国北方天津港、秦皇岛港等大港对外航运的必经之地，航海意义十分重要，也是中国北方海防战略重地。渤海海峡海域的养殖业非常发达，养殖区主要集中在庙岛群岛周边海域，海参、鲍鱼、海胆、扇贝、海带、栉孔扇贝、对虾等海洋生物在此地栖息。

辽河口

秦皇岛 ● 辽 东 湾 营口港

辽 东 半 岛

长兴岛

西中岛

天津
● 天津新港

渤 海

大连 ●

老铁山岬

渤海湾

渤海海峡

黄河三角洲地处中纬度，冬寒夏热，四季分明。

庙岛群岛

莱州湾

山东半岛

辽东湾

辽东湾位于渤海北部，是渤海三大海湾之一，也是中国纬度最高的海湾，最大水深约 30 米。辽东湾主要港口有盘锦港、营口港、葫芦岛港等。辽东湾是中国沿海水温最低、冰情最重的地方，每年都有海冰出现。受入海河流的影响，辽东湾海水盐度多低于 30‰。

斑海豹是唯一在中国海域繁殖的鳍足类海洋哺乳动物，每年 10 月斑海豹到达辽东湾，冬季在冰上产崽，春夏季在岸上栖息觅食。

渤海属内陆型海域，水深较浅，受外海的影响较小，海水盐度相对较低，冬季在西伯利亚冷空气的影响下，可形成大范围的海冰区。

黄河三角洲

黄河三角洲位于山东北部黄河河口处，渤海湾与莱州湾之间。黄河是全球含沙量最高的河流，每年约有 10.5 亿吨泥沙从黄土高原输入黄河之中，这些泥沙约 1/3 沉积在黄河三角洲，约 1/3 输送入海。淤积的泥沙使河口不断向海延伸，河床逐渐抬高，当淤积量达到河道无法泄洪时，河水便冲破河堤寻找新径入海。历史上黄河下游曾多次改道，在新河口处淤积沉淀出三角洲。黄河三角洲与长江三角洲、珠江三角洲并称中国三大三角洲。

在黄河与渤海相遇的地方，受到河水与海水盐度、含沙量、颜色不同的影响，会形成独特的"水色锋"。

1995 年　　2004 年　　2014 年

黄河三角洲 1995 ～ 2014 年的变化

渤海治污与岸线治理

渤海是内海，自净能力相对较差，沿岸地区生态环境相对脆弱，一直都是海洋污染比较严重的地区。近年来，渤海沿岸地区坚持渤海治污与岸线治理相结合，力求打造"水清、岸绿、滩净、湾美、物丰"的美丽海湾。2020 年，通过综合治理，天津近岸海域优良水质比例达到 70.4%。如今天津的海岸线被亲海公园、临海湿地、人工沙滩等点缀，让天津这座滨海城市，既有临海之名又有亲海之实，实现了人与海洋的和谐共生。

天津生态城南湾公园

黄海

黄海曾属于东海一部分，清朝初期黄海海域曾被称为"东大洋"，现在的东海一带被称为"南大洋"，清朝末期出版的地图中均已使用"黄海"名称。黄海位于朝鲜半岛西部，在朝鲜半岛黄海也被称为"西海"或"朝鲜西海"。黄海位于中国海区北部，南通东海，东南经济州海峡、朝鲜海峡通日本海。黄海是半封闭的大陆架浅海，又被视为东海的海湾。黄海面积约38万平方千米，平均深度44米，最大深度140米。注入黄海的河流有鸭绿江、大同江、汉江等。黄海主要岛屿有长山群岛、刘公岛、灵山岛等。黄海沿海城市主要有中国连云港、日照、大连等，以及朝鲜新义州、南浦及韩国仁川等。

黄海为进入渤海必经的海域，是中国北方海防要区。

黄海冷水团

黄海中央水团又称黄海冷水团，位于黄海中部洼地的深层和底部，其南端可通东海。黄海冷水团是季节性冷水团，只存在于夏季和秋季，是中国近海温跃层最强的区域之一。夏季，黄海深底层的中央部分出现冷水团，水温4.6℃～9.3℃，海水盐度较高。海水相对低温高盐的状态适合虾夷扇贝、海参等深海生物的生长繁殖，对大黄鱼、鲑鱼、带鱼等洄游鱼类的洄游路线也有很大影响。

黄海基准面

黄海基准面是中国现行的高程基准面。中国曾于1956年规定，使用青岛验潮站1950～1956年潮汐资料求出黄海平均海平面作为高程基准，即1956年黄海高程系。后来中国又以1952～1979年青岛验潮站潮汐资料得到了更精确的黄海基准面，即1985年国家高程基准。中国现行高程基准面是以青岛验潮站多年黄海潮汐资料为依据，计算所得的黄海平均水平面高度。

2022年6月7日，建在黄海冷水团海域的"深蓝1号"收获首批深远海鲑鱼。"深蓝1号"是世界第一座全潜式深海渔业养殖装备，整个养殖水体约5万立方米，可同时养殖30万条鲑鱼。

中国的地形和地图上的海拔高度，是以青岛的海平面（基准面）为坐标原点进行测量确定的。

黄海渔场

　　黄海有很多河流出水口，给海洋生物带来了丰富的养分。黄海鱼类有 300 多种，主要有小黄鱼、带鱼、鲐鱼、鲅鱼、黄姑鱼、鲳鱼、鳕鱼等，还有金乌贼、枪乌贼、小鳁鲸、长须鲸、虎鲸等各类动物。黄海底栖生物以软体动物和甲壳动物为主，有牡蛎、贻贝、蚶、蛤、扇贝、鲍鱼、对虾、鹰爪虾、褐虾、梭子蟹等，以及海带、紫菜和石花菜等海洋藻类和植物。黄海海洋生物种类多、数量大，形成了海洋岛渔场、海东渔场、烟威渔场、石岛渔场、海州湾渔场、连青石渔场、吕泗渔场、大沙渔场等 10 多个渔场。但是，过度捕捞和环境变化导致一些渔场受到破坏，渔业资源衰退。

贻贝

小鳁鲸

金乌贼

黄海部分海域实行伏季休渔制度，以休养生息。

黄海前三岛

　　海州湾是南黄海西端的开敞海湾。车牛山岛、达山岛、平岛为海州湾东部的岩基岛屿，因其军事上居前沿要地，又呈三足鼎立之势，故合称前三岛。其中，达山岛面积 0.115 平方千米，位于黄海最东端，是中国的领海基点之一；平岛面积 0.148 平方千米，是前三岛中面积最大的岛。1999 年 12 月，庆祝澳门回归迎接新世纪火炬传递活动的火种采集仪式就在前三岛举行。前三岛海域有浮游生物 110 多种，生物具多样性和复杂性。

因离岸较远，前三岛被视为海外净土，是海鸟繁衍生息的乐园。

车牛山岛面积 0.06 平方千米，是前三岛中面积最小的岛。

东海

东海是由中国大陆和中国台湾岛及朝鲜半岛与日本九州岛、琉球群岛等围绕的边缘海，北接黄海，南通南海，面积77万平方千米，平均深度370米，最深处冲绳海槽2719米。杭州湾是东海最大的海湾，流入东海的河流有长江、钱塘江、瓯江、闽江、浊水溪等，在东海形成了一支巨大的低盐水系，成为中国近海营养盐比较丰富的水域。东海海域岛屿数量众多，主要岛群有舟山群岛、嵊泗列岛、东矶列岛、台州列岛、洞头列岛、北麂列岛、南麂列岛、马祖列岛、澎湖列岛等，主要岛屿有台湾岛、崇明岛、金门岛、钓鱼岛等。东海东部边缘的琉球群岛一带主要有琉球岛、宫古岛、石垣岛等岛屿。

东福山岛位于东海的最东端，据传因徐福东渡时曾落脚此岛而得名。东福山岛面积约3平方千米，常住人口不足50人。

崇明岛

长江口

太

平

上海

东　　海

长江三角洲河川纵横，农业发达。

杭州湾

舟山群岛

洋

宁波

中国海

冲绳海槽

冲绳海槽是西北太平洋的一个典型的边缘海盆，位于东海大陆架外缘、东海陆架边缘隆褶带与琉球岛弧之间，历史上是中国与琉球王国的天然分界线。根据中国政府的一贯主张，中国在东海的大陆架自然延伸至冲绳海槽，从中国领海基线量起超过200海里。冲绳海槽北浅南深，最大水深2719米。由于位于东亚大陆气候变化的敏感地带，冲绳海槽是研究东亚古环境演化和古陆海相互作用，探讨古大洋环流变化及对东亚季风驱动机制的最有利地区。

长江三角洲

　　长江三角洲濒临黄海和东海，是长江入海之前形成的冲积平原。依据地貌形态、沉积环境及成因一致性等因素，长江三角洲被划分为三角洲平原、三角洲前缘、前三角洲、湖坪、滨海平原和湖沼平原等地貌类型。长江三角洲地处江海交汇之地，沿江、沿海港口众多，有连云港、上海港、无锡港、舟山港、台州港等，架设有舟山跨海大桥、杭州湾跨海大桥、嘉绍跨海大桥等。长江三角洲是中国开发历史最悠久的地区之一，有鱼米之乡、丝绸之府的美誉。

2021年，上海港集装箱吞吐量突破4700万标准箱，连续12年位居世界第一。

台湾海峡

　　台湾海峡位于台湾岛与福建海岸之间，是连接东海与南海的水道，为中国沿海最大的海峡。台湾海峡长约370千米，宽约170千米，最窄处在福建海坛岛与台湾白沙岬之间。海峡西岸多为岩石海岸，岸线曲折多湾；海峡东岸多为沙岸，岸线较平直。台湾海峡是中国沿海和国际航运的重要海上通道，海峡内水深约60米，沿岸港口有福建福州港、泉州港、漳州港、厦门港等，以及台湾笨港、基隆港、澎湖码头等。

基隆港分为商港、军港、渔港三个部分

澎湖列岛

　　澎湖列岛位于台湾岛西部，面积约127平方千米，因港外海涛澎湃、港内水静如湖而得名。澎湖列岛居台湾海峡的中枢，扼亚洲东部的海运要冲，有"东南锁匙"之称。郑成功收复台湾时，就先在澎湖列岛登陆。澎湖列岛由澎湖本岛、渔翁岛、白沙岛等64个岛屿组成，其中有44个岛屿无人居住。澎湖列岛海域栖息着玳瑁石斑鱼、马鲛鱼、澎湖章鱼等海洋生物，也是重要的珊瑚栖息地之一。

澎湖列岛是中国东海和南海的天然分界线

玳瑁石斑鱼

钓鱼岛

　　钓鱼岛及其附属岛屿位于台湾岛东北部，包括钓鱼岛、黄尾屿、赤尾屿、南小岛、北小岛等。明代以来，钓鱼岛就属于中国海防的管辖区。钓鱼岛向来无人定居，只有福建、台湾等地的渔民常到这片海域捕鱼。钓鱼岛上有山茶、海芙蓉等植物，附近海域蕴藏着较为丰富的石油资源。

海芙蓉

钓鱼岛是钓鱼岛列岛最大的岛屿，面积约3.91平方千米。

南海

　　南海是位于中国南部的陆缘海，汉朝、南北朝时称为涨海或沸海，清朝逐渐改称南海。南海位于北纬 23° 37′ 以南的低纬度地区，北抵北回归线，南跨赤道进入南半球。南海海域面积约 350 万平方千米，平均深度 1212 米，最大深度 5559 米。南海为中国近海中面积最大、水最深的海区。南海诸岛包括东沙群岛、西沙群岛、中沙群岛、南沙群岛等。南海中国大陆海岸线长 5800 多千米，沿海地区包括广东、广西、海南、台湾。

　　南海的海底地貌类型齐全，有宽大的大陆架、较陡的大陆坡和辽阔的深海盆地，海底地势西北高、东部和中部低。汇入南海的河流有珠江、韩江、红河、湄公河、湄面河等，汇入南海的河水含沙量小，所以南海总是呈碧绿色或深蓝色。

台湾岛
台湾海峡
雷州半岛
琼州海峡
海口
海南岛
东沙群岛
南
三沙
西沙群岛
菲律宾群岛
中 沙 群 岛
黄岩岛
南 沙 群 岛
苏 禄 海
海
昆岛
马来半岛
苏门答腊岛
纳土纳群岛
阿南巴斯群岛
淡美兰群岛
曾母暗沙
苏拉威西海
加 里 曼 丹 岛
望加锡海峡
苏拉威西岛

南海海域有许多美丽的珊瑚

琼州海峡

琼州海峡位于雷州半岛和海南岛之间，为中国第三大海峡，是海上交通的重要通道。海峡南北最大宽度约40千米，最窄约20千米，北岸有红坎湾、海安湾、铺前湾等，南岸的秀英港、马袅港等是舰船停泊避风、装运卸载和补给的重要基地。琼州海峡水域受粤西沿岸水系文澜河、大水桥河、黄定河、南渡江等河流和南海外海海水影响。沿岸饵料生物丰富，是中国南部重要的渔场。海峡两岸还有包西盐场、琼山区盐场等历史悠久的盐场。

琼州海峡南渡江入海口

南海权益

中国对南海的主权、主权权利、管辖权主张是在长期的历史发展过程中形成的。中华人民共和国政府一直坚定维护中国在南海九段线内的领土主权和海洋权益。2016年7月12日发表的《中华人民共和国政府关于在南海的领土主权和海洋权益的声明》明确指出，中国在南海的领土主权和海洋权益包括中国对南海诸岛，包括东沙群岛、西沙群岛、中沙群岛和南沙群岛拥有主权；中国南海诸岛拥有内水、领海和毗连区；中国南海诸岛拥有专属经济区和大陆架；中国在南海拥有历史性权利。

南海蕴藏着丰富的生物资源

南海深部计划包括63个研究项目，科研人员实施了近地磁异常测量、潜标与海底观测、大洋钻探等重要的海上科考活动，促进了中国海洋科学与技术的融合发展，成为整合全国力量共同"向深海进军"的合作平台。

南海深部计划

2017年2月13日，33名中外科学家乘坐美国"决心号"钻探船，来到南海目标海域，开展中国科学家主导的第3次南海大洋钻探。2018年，中国科学家搭载"深海勇士号"载人潜水器，在9天时间里完成了3次南海下潜。中国科学家在南海进行的一系列深海考察活动，与中国南海深部计划密切相关。中国"南海深海过程演变"研究计划于2010年7月正式立项，是国家自然科学基金重大研究计划，也是中国海洋领域第一个大型基础研究计划，简称"南海深部计划"。科学家采用一系列新技术探测南海海盆，以揭示南海的深海过程及其演变，再造边缘海的"生命史"，从而为边缘海的演变树立系统研究的典范。

科学家钻取的用于古地磁研究的南海大洋红层岩芯样品

东沙群岛

东沙群岛古称落漈，是南海诸岛中位置最北、离大陆最近、岛礁最少的一组群岛，为国际航海重要的交通枢纽，也是南海与祖国大陆相联系的重要门户。早在秦朝时，东沙群岛即被纳入秦国版图，因岛屿太小而未被开发。晋朝以前，东莞一带的渔民就来到东沙群岛附近海域捕鱼、采集珊瑚等。自明朝起，有中国人开发经营东沙群岛。清朝时，东沙群岛已被正式纳入中国版图，属当时广东惠州府陆丰县管辖。现在，东沙群岛行政区划属于广东省汕尾市，由台湾省高雄市实际管辖。

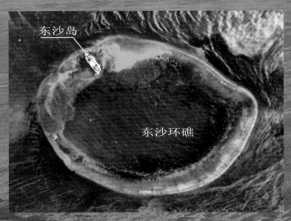

东沙环礁的珊瑚礁体呈环形地貌，中间是一个浅湖。

东沙环礁

东沙群岛由东沙环礁、南卫滩环礁和北卫滩环礁组成，其中南卫滩环礁和北卫滩环礁均为暗礁。东沙环礁是东沙群岛的主体，由造礁珊瑚历经千万年建造形成，包括东沙岛和东沙礁。东沙岛是东沙群岛唯一露出水面的岛屿，最高海拔 6 米。东沙礁为环礁，是东沙环礁水面以下的部分，礁体两侧有两个缺口，形成南北水道。东沙环礁国家公园于 2007 年建立，有东沙遗址、南海屏障碑、汉疆唐土碑、东沙岛岛碑等景观遗址。

虎纹伯劳　　　　　黑腹军舰鸟

东沙岛主要由珊瑚碎屑堆积而成，有开口向西的潟湖。东沙环礁常有虎纹伯劳、家燕、翠鸟、小白鹭、黑腹军舰鸟等候鸟栖息，这里堆积了大量鸟粪，历经长久的风吹日晒，鸟粪变成了富含磷质的砂矿资源。

东沙岛

东沙岛位于东沙环礁西侧礁盘上，呈新月形，潮汕渔民称其为"月牙岛"。因位于珠江口"南澳"之外，故东沙岛在中国古航海图中称为"南澳气"，又称大东沙。东沙岛地处东亚至印度洋和亚洲、非洲、大洋洲国际航线要冲，广州、香港至马尼拉或高雄的航线从其附近海域通过，具有重大航运意义。东沙岛属热带季风气候，冬季受东北季风、夏季受西南季风影响，4～11月偶有台风来袭。东沙岛面积1.8平方千米，是南海诸岛第二大岛屿。

哈氏太阳鸟生活在东沙群岛、西沙群岛等南海诸岛

大口线塘鳢常独居或成对生活，栖息于东沙群岛、西沙群岛水深6～60米处。

《收回东沙岛条款》

东沙岛曾两度被日本侵据。日本商人西泽吉次于1901～1906年3次登上东沙岛，窃取大量鸟粪带到台湾贩卖，还养殖捕捞玳瑁等生物谋利，打算完全占据东沙岛。1907年，东沙岛被日本人强占，岛上大王庙被拆毁，中国渔民也被驱逐。1909年10月，中国清政府与日本在广州签订了《收回东沙岛条款》。《收回东沙岛条款》是中国捍卫东沙群岛主权的一个成果，阻止了日本侵占东沙群岛的企图。

东沙岛界碑

东沙群岛海域渔场

东沙群岛海域水深跨度大，海底微向东南倾斜，西北部水深约200米，东南部水深3100米。东沙群岛海域水流复杂，常有多层流，生物资源丰富，栖息着竹荚鱼、深水金线鱼、多齿蛇鲻、羽鳃鲐、枪乌贼、脂眼双鳍鲹、刀额拟海虾、拟须虾等动物。东沙群岛海域渔场主要由中国台湾地区、海南和广东开发利用，有粤东外海渔场、粤东大陆架边缘渔场、粤东大陆坡渔场等。

羽鳃鲐又称金带花鲭，在中国仅分布于西沙群岛、东沙群岛等地，喜群游，游动时会张开大口捕食浮游生物。

西沙群岛

西沙群岛古称千里长沙、九乳螺洲、七洲等，是南海航线的必经之路，也是海上丝绸之路必经之地。西沙群岛自古就是中国的领土，主要由永乐群岛、宣德群岛组成，两大群岛之名源于1947年中国政府为纪念航海家郑和在明朝永乐至宣德年间七下西洋的壮举。西沙群岛分布在50多万平方千米的海域，拥有多座环礁、台礁、暗礁，陆地总面积约10平方千米，海岸线长超过500千米。永兴岛为南海诸岛最大的岛屿，是一座由白色珊瑚砂堆积形成的珊瑚岛。石屿是西沙群岛最高的岛屿，海拔15.9米。

工作人员在赵述岛入口航道投放置灯浮标，防止船只触礁。

西沙洲　北岛　中岛　南岛　北沙洲　中沙洲　南沙洲

宣德群岛

宣德群岛的主体为宣德环礁，古代中国海南渔民称其为东七岛、上七岛、上峙等。宣德群岛由赵述岛、东岛、永兴岛、石屿、北岛、北沙洲、高尖石、银砾滩等组成，其中高尖石是南海唯一的一座火山角砾岩岛屿。宣德群岛海域辽阔，以珊瑚、贝屑为主组成了不同岩土的珊瑚岛礁群。这里地处热带区域，太阳辐射量大，鱼类种类繁多，生态类型比较复杂。宣德群岛海域的海底石油和天然气储量巨大，海底还有各种金属矿产资源。

七连屿位于宣德群岛东北部，由西沙洲、北岛、中岛、南岛、北沙洲、中沙洲、南沙洲7个露出水面的海岛、沙洲组成。

西沙群岛北礁沉船遗址

西沙群岛北礁俗称"干豆"，自唐代起就是海上丝绸之路的必经之地。1974～2010年，考古学家先后在此发现10多处沉船遗迹和大量水下遗物，且以其东北部礁盘海域分布最为密集。北礁沉船遗址先后出水过3000余件唐代、宋代以来的陶瓷器和大量铜钱，以及铜锭、石制品等遗物。沉船遗址的发现，反映出古代中国南海丝绸之路的繁荣兴盛，展现了中国航海技术的发展水平，同时证明中国人民最早发现了西沙群岛，且最迟从唐宋开始就对西沙群岛等南海诸岛进行不间断的开发经营。

甘泉岛遗址采集的宋代粉盒

北礁沉船遗址出水的明代铜钱胶结块

三沙市

三沙市是中国最南端的城市，管辖西沙群岛、中沙群岛、南沙群岛等岛礁及其领海，陆海面积 200 多万平方千米，是中国陆地面积最小、总面积最大且人口最少的城市。三沙市为地级市，于 2012 年 7 月正式成立，市政府位于永兴岛。永兴岛是三沙市政治、军事、文化中心，有"南海枢纽"之称。永兴岛地处北回归线以南，属热带季风气候，雨量充沛，终年高温、高湿、高盐，紫外线格外强烈。岛上林木茂盛，枇杷树、羊角树、美人蕉、野蓖麻、野棉花随处可见，百龄以上的椰树有 1000 多棵。

永兴岛上的三沙市政府大楼

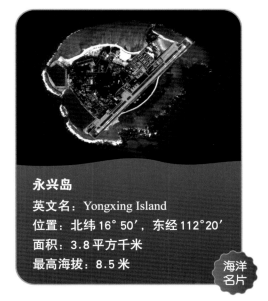

永兴岛
英文名：Yongxing Island
位置：北纬 16°50′，东经 112°20′
面积：3.8 平方千米
最高海拔：8.5 米

海洋名片

羚羊礁

甘泉岛

琛航岛

晋卿岛

永乐群岛

永乐群岛旧称下八岛，以永乐环礁为主体和中心，由晋卿岛、石屿、银屿、全富岛等 13 个岛屿组成，有 6 个水道门用于内部潟湖与外海航运。永乐群岛远离南海北部大陆架，地处热带区域，终年高温，太阳辐射量及风力资源非常丰富，海域辽阔，珊瑚丛生，栖息着单板盾尾鱼、四带笛鲷、黑边石斑鱼等。永乐群岛海底崎岖不平，礁石丛生，渔场作业以钓具、挂网、敷网等为主。目前，过度捕捞已导致永乐群岛的珊瑚礁生态系统和海洋生物多样性面临威胁，造成当地海洋生物数量明显减少，大型螺类已难以找到。

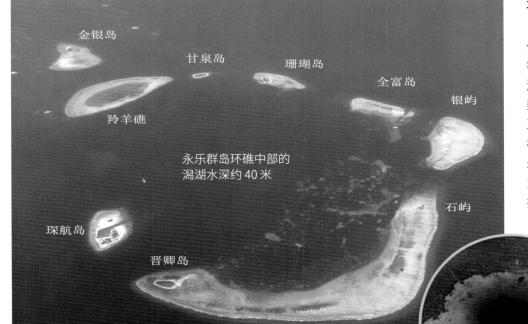

金银岛
甘泉岛
珊瑚岛
全富岛
银屿
羚羊礁
永乐群岛环礁中部的潟湖水深约 40 米
石屿
琛航岛
晋卿岛

三沙永乐龙洞位于永乐环礁的晋卿岛和石屿中间，深达 300.89 米，是地球上最深的海洋蓝洞。

中沙群岛

中沙群岛古称红毛浅，自宋代以来已被列入中国疆域，天文学家郭守敬曾于 1279 年在黄岩岛上进行天文观测。中沙群岛位于南海中部海域，由黄岩岛、中沙大环礁以及多座分散的暗沙组成，海域面积 60 多万平方千米。中沙群岛是海洋型岛屿，发育在中央深海盆及北部陆坡上的海山顶部，除黄岩岛南面部分露出海面，中沙群岛几乎所有暗沙、暗礁均隐没于海水中。中沙群岛横亘在南海中间，南海重要的国际航线都要经过这里，战略位置极其重要。

金带海鲷

沙蚕

中沙大环礁

中沙大环礁是中沙群岛的主体，也是南海诸岛中最大的环礁。中沙大环礁上的暗沙分为礁缘暗沙和潟湖暗沙，礁缘暗沙有隐矶滩、武勇暗沙、济猛暗沙等，潟湖暗沙有石塘连滩、指掌暗沙、南扉暗沙、屏南暗沙、漫步暗沙等。环礁顶部水深 10 多米，环礁周围水深 2500 ～ 4000 米。这是一片神秘而壮观的水域，海洋中各色珊瑚斑斓绚丽、清晰可见，突起的礁盘周围形成环形水下屏障，金带梅鲷、旗鱼、箭鱼、金枪鱼等海洋生物穿梭其间，形成五光十色的"海底花园"。

漫步暗沙科研基地

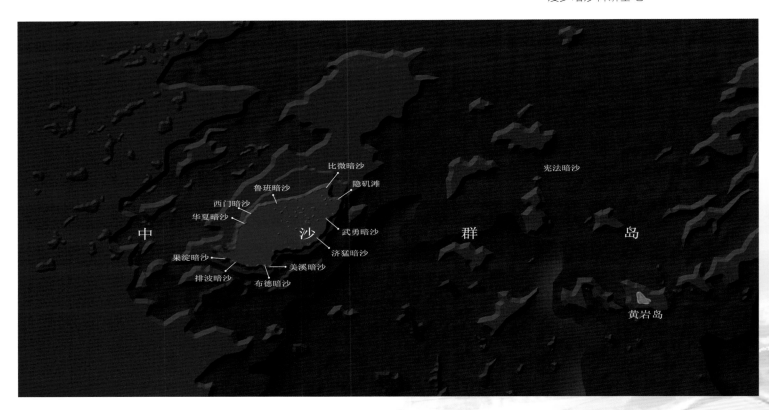

比微暗沙　隐矶滩　宪法暗沙
鲁班暗沙
西门暗沙
华夏暗沙
中　　　　沙　　武勇暗沙　　群　　　　岛
济猛暗沙
果淀暗沙
美溪暗沙
排波暗沙　布德暗沙

黄岩岛

环礁湖

远望环礁宛如白色的沙滩，其实它主要由珊瑚及小型海洋生物的遗骸构成。

南海暗沙

暗沙又称"暗砂"，是海洋中表面沉积有沙砾、贝壳等松散碎屑物质的暗礁。南海地处热带，适宜珊瑚虫等造礁生物繁殖，故而有各种美丽的珊瑚岛礁，还有华夏暗沙、美溪暗沙等重要的暗沙。除了中沙大环礁上的暗沙之外，中沙群岛还有宪法暗沙、中南暗沙、神狐暗沙、一统暗沙4座暗沙，这些暗沙均发育在不同的海山之上。宪法暗沙位于中沙群岛东北部，为一座深海海山，隐没在海面以下，水深18米。

南海暗沙中游弋的鱼群

黄岩岛

黄岩岛位于中沙群岛东端，接近菲律宾群岛，西距中沙大环礁约296千米。黄岩岛是包括南岩和北岩在内的一个大环礁，是南海海盆洋壳区内唯一有礁石出露的环礁，面积约150平方千米，南岩海拔1.8米，北岩海拔略低。黄岩岛与黄岩环礁是造礁珊瑚虫和喜礁生物繁衍的乐园，沟底堆积着珊瑚砂，环礁中间是礁坪包围的潟湖，湖深10～20米，礁塘中沉积着珊瑚介壳构成的生物碎屑，礁湖底部珊瑚丛生。礁湖之南有一条宽约400米、水深4～12米的礁门水道，与外海相通。黄岩岛海域是重要的海上通道，是扼守进出苏比克湾的咽喉要冲。

黄岩岛海域是中国渔民的传统捕鱼场所

南海更路簿

据史料记载，早在18世纪，中国南海沿岸的居民已从事南海水产资源的开发。海南文昌有南海航行的重要港口清澜港，出航南海诸岛的船只多从这里起航。海南岛沿海居民总结航海经验，写成《南海更路簿》，以手抄本形式流传。它详细记录了西沙群岛、南沙群岛、中沙群岛等各处岛礁名称，以及准确位置和航行针位（航向）、更数（距离）等地理信息，至今仍有南海渔民使用。现存的手抄本《南海更路簿》产生于清朝康熙末年，至19世纪中叶趋于成熟，定型成书，世代流传至今。同时，海南民间还流行口头传承的"更路传"。

《南海更路簿》是千百年来海南渔民自用的航海"秘本"，被誉为"南海天书"。

南沙群岛

　　南沙群岛古称万里石塘，是中国南海最南端的一组群岛，具有大陆架、大陆坡和深海盆三大地貌特性，从南至北分为三级阶梯地。南沙群岛北起雄南礁，南至曾母暗沙，西为万安滩，东为海马滩，海域面积约82.3万平方千米，陆地面积约2平方千米。中华民族的祖先早在秦汉时期已开发经营南沙群岛。

1988年，中国在永暑礁建成了一个海洋气象观测站。这个高脚屋建在面积1平方米、海拔1米的礁石上。

南沙群岛岛礁

　　南沙群岛是南海上岛屿滩礁最多、散布范围最广的一组群岛，主要由双子群礁、中业群礁、道明群礁、榆亚暗沙等组成，共有230多个岛屿、礁滩和沙洲，面积大于0.1平方千米的岛有7个。南沙群岛属珊瑚礁地貌，基座主要为南海南部的大陆坡和少部分大陆架的隆起台阶，海底槽沟纵横交错。岛屿由礁石和珊瑚砂及贝壳堆积而成，地势低平，海拔多在4米以下。

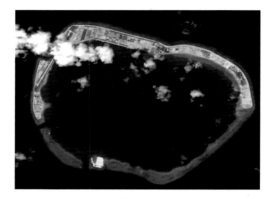

美济岛

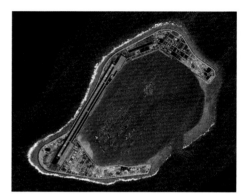

渚碧岛

太平岛

　　太平岛位于南沙群岛北部，曾被中国渔民称为黄山马峙。1939年4月，日本攻占这个岛屿，将其改名为"长岛"。1946年10月，法国登陆南威岛和太平岛，中国政府提出抗议，法国又因为越南战事紧张而放弃谈判。1946年11月，中国海军"太平号"护卫舰抵达并接收这个岛，即以"太平"为此岛命名。

太平岛面积0.43平方千米，是中国台湾渔民的补给基地。

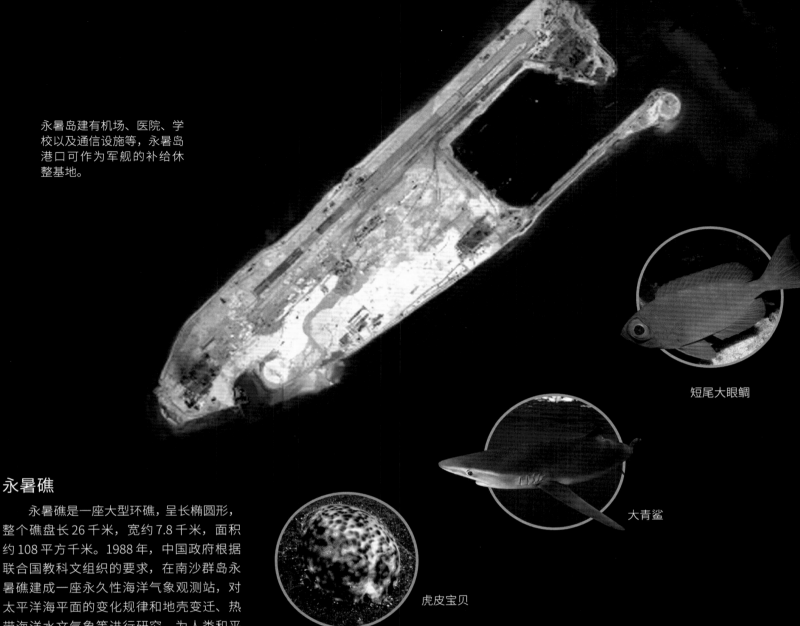

永暑岛建有机场、医院、学校以及通信设施等，永暑岛港口可作为军舰的补给休整基地。

短尾大眼鲷

大青鲨

虎皮宝贝

永暑礁

永暑礁是一座大型环礁，呈长椭圆形，整个礁盘长 26 千米，宽约 7.8 千米，面积约 108 平方千米。1988 年，中国政府根据联合国教科文组织的要求，在南沙群岛永暑礁建成一座永久性海洋气象观测站，对太平洋海平面的变化规律和地壳变迁、热带海洋水文气象等进行研究，为人类和平开发海洋资源提供资料。永暑礁低潮时大部分裸露在水面，涨潮时大部分被淹没，是中国南海最重要的海上基地之一。2014 年，人们在永暑礁的西南礁盘修建了一个 2.8 平方千米的人工岛，即永暑岛。

南沙群岛的自然资源

南沙群岛磷矿储量约 30 万吨，石油总潜量 349.7 亿吨，天然气总潜量 8 万亿立方米。群岛海域全年日照时数达 2304 小时，太阳能储量大，年总辐射量 5734 兆焦 / 平方米。南沙群岛周围海域的浮游植物密集层在水深 35 ～ 75 米的次表层水中，其主要生态类群为硅藻、甲藻。南沙群岛海域还有558 种鱼类，包括大青鲨、点带石斑鱼、短尾大眼鲷等，深水海区上层有头足动物、鳖、海豚等海洋生物。

海洋
名片

曾母暗沙
英文名：Zengmu Ansha
位置：北纬 3° 58′，东经 112° 17′
面积：约 2.12 平方千米
平均海拔：−17.5 米
类型：水下珊瑚沙洲

中国岛屿

中国海岸线曲折，岛屿众多，岛屿海岸线总长度超过 1.4 万千米，岛屿总面积约 8 万平方千米。中国岛屿小岛多、大岛少，面积超过 500 平方米的岛屿有 7300 多个，中国四大岛屿——台湾岛、海南岛、崇明岛、舟山岛面积均超过 500 平方米。中国岛屿类型主要为基岩、冲积岛、珊瑚礁岛，约 60% 的岛屿分布在东海，约 30% 的岛屿分布在南海。中国主要有舟山群岛、东沙群岛、西沙群岛、中沙群岛、南沙群岛五大岛群。在《大清一统舆图》上，中国最大的岛屿是东北一隅的库页岛，面积比台湾岛、海南岛、崇明岛相加还要大。1860 年，沙皇俄国通过《中俄北京条约》逼迫清政府割让库页岛。

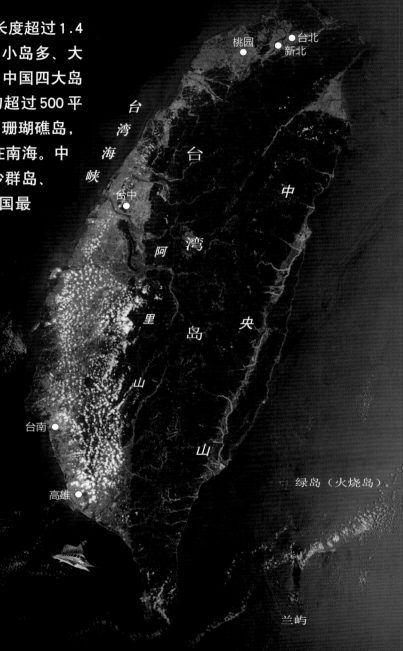

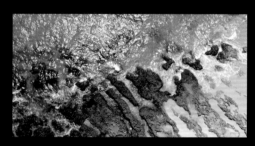

垦丁拥有以珊瑚礁地形为主的珊瑚礁海岸

新北市濒临太平洋、东海及台湾海峡

台湾岛东部海域的龟山岛

台湾岛

台湾岛位于东海南部，面积约 3.6 万平方千米，是中国第一大岛。台湾岛岛形狭长，四面环海，海岸景观丰富多样，周围海域自然资源丰富，栖息着小须鲸、玄燕鸥、柴山多杯孔珊瑚等多种多样的珍稀海洋动物。自古以来，台湾岛就是中国不可分割的一部分。中国大陆先民东渡台湾，最早可追溯到 1700 多年前的三国时代。明朝以后，大陆人民与台湾人民往来不绝。1661 年，民族英雄郑成功驱逐窃取台湾的荷兰殖民者，收复宝岛台湾，为国家统一做出了巨大的贡献。

海南岛

　　海南岛位于中国南海西北部，面积约 3.39 万平方千米，是中国第二大岛。海南岛由山地、丘陵、台地、平原构成环形层状地貌，主要河流有南渡江、昌化江和万泉河等，海岸生态主要有热带红树林海岸和珊瑚礁海岸，沿海有海口港、三亚港、洋浦港、八所港和清澜港等。海南岛属热带季风气候，一年之中气温相差不大，有旱季、雨季之分，多热带气旋。海南岛的水资源、植物资源、动物资源、矿产资源、海盐资源等非常丰富，是海南长臂猿、坡鹿、中华鲎、周氏睑虎等各种珍禽异兽及海洋生物的天堂。

海南柳莺

中华鲎

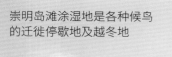

崇明岛滩涂湿地是各种候鸟的迁徙停歇地及越冬地

崇明岛

　　崇明岛位于长江入海口，是中国最大的河口冲积岛和沙岛，由长江下泄的泥沙淤积而成，成陆历史 1300 多年，被誉为"长江门户、东海瀛洲"。崇明岛面积约 1100 平方千米，是中国第三大岛，地势平坦，土地肥沃，气候温润，林木茂盛，有成片的农田、鱼塘、蟹塘和芦苇塘，是著名的鱼米之乡。崇明岛地处海水、淡水交汇处，附近海域栖息着刀鲚、银鱼、带鱼、鲳鱼等各种鱼类。崇明岛滩涂广阔，东部滩地是丹顶鹤、天鹅等候鸟的栖息地。

东方白鹳

舟山岛

　　舟山群岛为中国最大的岛群，由嵊泗列岛、马鞍列岛、崎岖列岛等组成，海域面积 2.2 万平方千米，陆域面积 1440 平方千米。舟山岛是舟山群岛最大的岛屿，面积约 500 平方千米，位于长江口南侧。舟山岛主要地貌为山地丘陵，岛四周有狭窄的冲积平原，海岸线曲折，航线通畅。舟山岛历史文化悠久，6000 年前就已有先民在岛上渔樵耕垦，并留下马岙古文化遗址。舟山岛地处长江、钱塘江、甬江入海口，也是沿岸流、台湾暖流交汇处，是多种海洋鱼类、虾类、蟹类的产卵和索饵场，其中大黄鱼、小黄鱼、带鱼最为有名。

舟山渔场是中国最大的渔场，每年 9 月中旬，舟山岛部分渔船结束伏季休渔、禁渔期，渔船入海作业。

舟山岛古称海中洲，又因岛形如大舟浮海，故名舟山。

雷州雷祖祠

北海

北　部　湾

涠洲岛

湛江

雷

州

雷州

雷州湾

砌洲岛

中国半岛

中国半岛受海洋影响较大，半岛气候异于内陆气候。因其特殊的地理位置，半岛上均有很多良港。山东半岛、辽东半岛、雷州半岛合称中国三大半岛，山东半岛是中国最大的半岛。除三大半岛外，中国还有象山半岛、厦门半岛、青岛、葫芦岛、秦皇岛等小半岛。

半

岛

南　海

琼　州　海　峡

琼州海峡

海口

雷州半岛历史悠久，自西汉以来历朝历代大多在这里设郡置县。古老的百越文化不断吸收融合北方文化，形成独特的雷州方言、雷州换鼓、雷州傩舞、雷州石狗、雷歌雷剧等地方特色文化。

雷州半岛

雷州半岛位于广东西南部，地处北部湾与南海之间，与海南岛隔琼州海峡相望，面积0.85万平方千米。雷州半岛岸线曲折，港湾众多，主要有湛江港、雷州湾、流沙港等。雷州半岛属热带季风气候，春季潮湿多雨，夏季多阵雨或雷阵雨，秋季多台风，冬季温和干燥。雷州半岛是中国热带、亚热带经济作物的重要基地之一，盛产甘蔗、橡胶、剑麻、香茅、花生等；沿海生物资源丰富，栖息着鲍鱼、对虾、龙虾、鱿鱼、蚝等。

北部湾渔场

山东半岛

　　山东半岛位于山东东北部，突出于渤海、黄海之间，北与辽东半岛隔渤海湾相望，东与韩国隔海相望，面积 3.9 万平方千米。山东半岛地貌以山地丘陵为主，其中嵌有盆地及平原，海岸蜿蜒曲折，港湾岬角交错，岛屿罗列，是华北沿海良港集中的地区，有青岛港、烟台港、威海港等。沿海岛屿多分布于近陆地带，较大的岛屿有象岛、镇铆岛、杜家岛、刘公岛等。这里矿产资源分布广且储量巨大，蕴藏石油、铁矿、铝土矿、金矿等，植物、动物种类也很多。山东半岛是东夷文化的起源地，后被纳入周王朝版图，形成齐地文化，贤哲众多。当地考古发现 6000 多年前的航海文化遗存，表明山东半岛先民很早就开始了沿岸航海。

崂山位于黄海之滨，是中国海岸线第一高峰，海拔 1132.7 米。

刘公岛位于山东半岛威海湾口，甲午战争纪念遗址及博物馆屹立在这里。

辽东半岛

　　辽东半岛位于辽宁南部，半岛伸入渤海、黄海之间，是中国纬度最高的半岛，面积 3.7 万平方千米。千山山脉从南至北贯穿辽东半岛，沿海地带为平原。半岛上河流分布密集，大洋河、大清河分别注入渤海和黄海，沿岸海区浮游生物和底栖生物丰富，是鱼虾产卵和索饵的理想场所，栖息着各种淡水鱼、洄游鱼、河口鱼，还有贻贝、海带、海参、对虾等。辽河口是中国的斑海豹重要的生殖场，近年随着辽河水质改善，斑海豹的数量稳定增长。辽东半岛的海岸地貌分为海蚀岸和海积岸，滩涂广阔，多港湾和岛屿，沿岸港口有营口港、丹东港、秦皇岛港等，沿海有长兴岛、蛇岛、长山群岛、葫芦岛等。辽东半岛属温带季风气候，冬暖夏凉，为避暑胜地，农业、工业较发达。

辽刺参

大连地处辽东半岛南端，东濒黄海，西临渤海。大连港是中国最古老的港口之一。

北部湾虾笼

北部湾沿岸滩涂及浅海广阔，适宜牡蛎、珍珠贝、泥蚶等贝类生长。北部湾渔场还栖息着鲷鱼、沙丁鱼、竹英鱼、比目鱼、鲭鱼等鱼类。

中国远洋科学考察

"发现号"深海机器人探秘马里亚纳海沟南侧海山

1976 年 3 月，中国"向阳红 5 号"和"向阳红 11 号"编队海洋科学考察船从广州出发，开始中国首次远洋调查。船队穿越赤道、横跨东半球和西半球，历时 50 多天抵达南太平洋指定海域，队员们开展了水文、气象、化学、重力、地质等一系列综合科学调查，为洲际导弹试射带回了重要数据。从此，中国开启新时代海洋科考之旅，陆续开展环球大洋科考、极地科考、深海探测等科考活动。

中国首次环球大洋科学考察

2005 年 4 月 2 日，中国"大洋一号"远洋科学考察船从青岛起航，开始执行中国首次横跨三大洋的科学考察任务。科考船向东穿越太平洋、大西洋、印度洋，经马六甲海峡进入太平洋回到青岛，考察活动历时 297 天，总航程 43230 海里。中国及来自美国、德国等国家的 100 多位科研人员参加了考察活动，完成了中国首次环球大洋科学考察任务，成功试验并验收了中国自主研制的深海装备，并在对太平洋海山区、洋中脊热液活动区的考察中取得新发现。

2018 年，"大洋一号"搭载的重点装备"海龙Ⅲ"潜水器在西太平洋完成 400 米浅水试验。

"大洋一号"远洋科学考察船

"大洋一号"是一艘 5600 吨级远洋科学考察船，从 1995 年开始先后执行了中国 7 个远洋调查航次和多个大陆架勘查航次的调查任务，完成了多次世界首次重大发现。2007 ～ 2009 年，由"大洋一号"执行的中国第 19 次、第 20 次大洋科考任务，在西南印度洋发现了多金属硫化物"黑烟囱"热液区、碳酸盐"白烟囱"热液区和极难发现的非活动海底热液区，在东太平洋海隆赤道附近发现大范围新的活动的海底热液区群，其中 4 个热液区长达 21 千米。

2018 年，"大洋一号"搭载最新研制的"潜龙三号"无人无缆潜水器在西太平洋和南海完成 12 次下潜。

2021 年 6 月，"科学号"科考船的科研人员在深海海底进行原位培养实验。

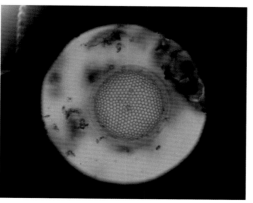
显微镜下拍摄的麦哲伦海山有孔虫砂

2023 年 8 月，中国第 13 次北冰洋科学考察队在北冰洋北纬 81°附近进行综合考察作业。

采集深海宝藏

"向阳红"编队科学考察船于 1977 年、1978 年分别开展了两次远洋调查。1978 年 4 月，"向阳红 5 号"在太平洋海区开展综合调查，从 4784 米水深的地质取样中获取到多金属结核（锰结核）。它们含有锰、铁、镍、钴、铜等几十种元素，是不可多得的矿物资源。1983～1993 年，中国组织了 11 次大规模的海洋多金属结核调查，由"向阳红 16 号"和"向阳红 4 号"科学考察船执行任务，调查范围 200 万平方千米，获得了大量样品和珍贵数据，并在太平洋圈出了 30.1 万平方千米的远景矿区。

刚从海底打捞上来时，锰结核裹挟着深海淤泥沉积物，像是从深海挖出了"一筐土豆"一样。

"雪龙号"极地考察船

"雪龙号"极地考察船是中国第三代极地破冰船，具有先进的导航、定位、自动驾驶系统，配备有先进的通信系统及能容纳两架起重机的平台、机库和配套设备。船上设有大气、水文、生物、计算机数据处理中心、气象分析预报中心、海洋物理和化学等一系列科学考察实验室。"雪龙号"于 1994 年 10 月首次执行中国南极科学考察和物资补给运输任务，于 2009 年开始承担中国北极科学考察的重任。

"雪龙号"全长 167 米，宽 22.6 米，排水量 2 万多吨，可在 1 米厚的海冰冰区作业航行。

中国极地科学考察

1984年11月，中国首次南极科学考察队从上海启航，穿越太平洋、大西洋，航行2万多海里到达南极圈，这是中国历史上首次进入南极圈，揭开了中国远洋极地科学考察的序幕。截至2023年9月，中国在南极陆续建立了长城站、中山站、昆仑站、泰山站，开展了39次南极科学考察活动；中国在北极建立了黄河站，开展了13次北极科学考察活动。

中国第4次北极科学考察队的两名队员在采集冰上融池里的海水样品

中国南极科学考察

1984年10月，中国首支南极科学考察队正式成立。中国首次南极考察船编队"向阳红10号"远洋科考船和海军"J121"打捞救生船，奔赴南极开展科学考察。考察队于1985年12月30日登上南极洲乔治王岛菲尔德斯半岛，将中国国旗插在了南极洲。27天后，科考队员在乔治王岛建成了中国第一个南极科考站——长城站。2005年1月，中国第21次南极科学考察队从陆路实现了人类首次登顶冰穹A，随后考察队进行了一系列科学考察活动和筹备工作，于2009年1月建成昆仑站。2018年2月，中国在南极恩克斯堡岛选址奠基，准备建立罗斯海新站。

中国南极科学考察队乘坐"雪龙号"在南极海域布放观测浮标，以收集南极周边海域的物理和气象数据。

昆仑站位于南极内陆冰盖最高点冰穹A西南方向约7300米，是中国第一个南极内陆考察站。昆仑站的主体建筑内部由17个工程舱组成，每个工程舱相当于一个集装箱。冰穹A地区是最合适的深冰芯钻取地点，也是进行天文观测的最佳场所。

中国北极科学考察

　　1925年，中国加入《斯瓦尔巴条约》，正式开启参与北极事务的进程。1999年，中国开展首次北极科学考察活动，标志着中国正式进入北极科考时代。2004年7月，中国在北极建立了第一个常年科学考察站——黄河站，主要研究北极环境、气候与全球变化的关系。中国在北极逐步建立起海洋、冰雪、大气、生物、地质等多学科观测体系，并发起共建"冰上丝绸之路"项目。2018年，中国与冰岛共同筹建的中—冰北极科学考察站正式运行。中国科学家在北极开展了多次浮冰站科学考察活动，进行冰芯钻取、海冰观测、气象观测等科学试验。

中国"北极ARV"水下机器人于2008年在北纬84°的北冰洋海域完成冰下调查

中国"双龙探极"

　　2019年10月15日，在中国第36次南极考察中，"雪龙2号"首航南极，与"雪龙号"一起开展"双龙探极"。2020年7月，中国第11次北极科学考察队首次搭乘"雪龙2号"开展北极考察任务，完成了北冰洋中心区综合调查、北冰洋生物多样性与生态系统调查等任务。2021年11月，"雪龙号"和"雪龙2号"在中国第38次南极科考中再次"双龙合璧"，顺利完成南极长城站、中山站物资补给和人员轮换任务，开展了站基多学科和近岸海洋业务化观测，对南大洋生态系统进行了调查，并于2022年4月返航。

"雪龙2号"具有双向破冰能力，是世界第一艘获得智能船舶符号的极地破冰船。

"雪龙2号"是中国第一艘自主建造的极地科学考察破冰船，船长122.5米，排水量1.4万吨，可以在1.5米厚的海冰加20厘米的积雪上航行，对南极近岸冰情复杂、水域狭窄的环境适应良好。

"雪龙2号"为被浮冰围困的"雪龙号"解围

"深海一号"能源站

2021年6月25日，由中国勘探开发的首个1500米超深水大气田"深海一号"在海南岛东南陵水海域正式投产，这标志着中国已全面掌握打开南海深海能源宝藏的"钥匙"，实现从300米向1500米超深水能源开发的历史性跨越。超深水大气田的"心脏"是中国自主研发、建造的世界首座十万吨级深水半潜式生产储油平台——"深海一号"能源站。能源站是按照"30年不回坞检修"的高质量设计标准建造的，设计疲劳寿命150年，可抵御超强台风。

"深海一号"能源站上的救生艇

"深海一号"能源站尺寸巨大，总重量超过5万吨；最大投影面积相当于2个标准足球场大小；总高度达120米，相当于40层楼高；船体工程焊缝总长度高达60万米，使用电缆长度超过800千米。

"深海一号"大气田已探明天然气储量超过1000亿立方米

"深海一号"实现了凝析油生产、存储和外输一体化功能

"深海一号"生产储油平台

"深海一号"生产储油平台由24万个零部件组成，拥有200多套油气处理设备，可抵御千年一遇的极限环境条件。"深海一号"的最大排水量达11万吨，相当于3艘中型航母，是中国海洋工程装备技术集大成之作。"深海一号"由16根锚链固定，锚链由高端聚酯纤维材料制成，一头系在平台的四角，另一头系在海底。每根绳子的破断力超过2000吨，能使平台抵抗16级台风。"深海一号"首创立柱储油技术，设置了5000立方米的凝析油舱。

"深海一号"水下生产系统

在"深海一号"大气田的建设中，中国水下生产系统自主研发制造也终于破茧成蝶。"深海一号"水下生产系统包括中心管汇、跨接管、海管终端等70余台水下生产关键设备，还有中国首套1500米级深水水下生产系统。"深海一号"水下生产系统的建立，标志着中国已具备成套装备的设计建造和应用能力，也意味着中国深水中心管汇设备制造能力达到了世界先进水平。

"深海一号"的工作人员准备下潜进行水下作业

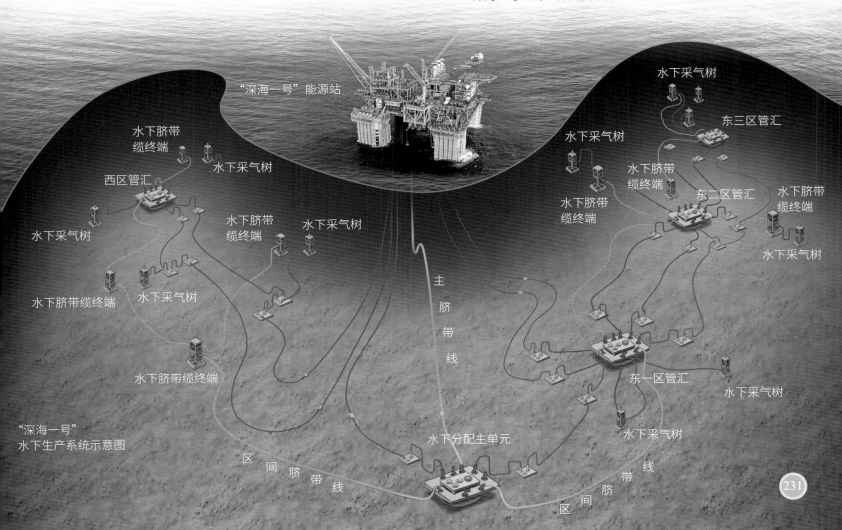

"深海一号"能源站

水下采气树

东三区管汇

水下采气树

水下脐带缆终端

西区管汇

水下采气树

水下脐带缆终端

东二区管汇

水下脐带缆终端

水下采气树

水下采气树

水下脐带缆终端

水下脐带缆终端

水下采气树

水下脐带缆终端

水下采气树

主脐带线

东一区管汇

水下采气树

"深海一号"
水下生产系统示意图

水下采气树

区间脐带线

水下分配主单元

区间脐带线

知床半岛是日本最北端的岛屿，半岛的西海岸是延绵不断的陡峭悬崖和绝壁。

隔海相望的国家

中国海域包括渤海、黄海、东海、南海。跨越辽阔的海域，与中国隔海相望的国家有朝鲜、韩国、日本、菲律宾、马来西亚、文莱、印度尼西亚、越南，其中朝鲜和越南既是中国的陆上邻国，也是中国的海上邻国。

朝鲜

朝鲜位于朝鲜半岛北部，西临黄海，北以鸭绿江、图们江与中国为邻，东北一隅隔图们江与俄罗斯相望，东濒日本海与日本相望，南以军事分界线为界与韩国接壤，首都平壤。朝鲜东西临海，有清津、元山、南浦、海州等港口。朝鲜拥有约8600千米无污染海岸线，海洋生物资源丰富，沿岸海域栖息着甲壳类、贝类、海胆、刺参等。

大同江流经平壤，在南浦附近注入黄海的西朝鲜湾。

韩国

韩国位于朝鲜半岛南部，东、西、南三面环海，西临黄海、东海与中国相望，东濒日本海与日本相望，东南为朝鲜海峡，首都首尔。韩国海岸线曲折，有济州岛、巨济岛等2200多个岛屿，受风浪侵蚀形成了许多海蚀洞、海蚀柱和奇峰怪石等独特景观。韩国是亚洲发达国家之一，造船、汽车、电器、服装等行业在国际上享有盛名，有釜山、仁川、浦项、丽水等港口。

济州岛上的汉拿山海拔1950米，是韩国最高峰。

日本

日本东濒太平洋，自西南向西北隔东海、黄海、日本海、鄂霍次克海，与中国、韩国、朝鲜、俄罗斯相望，首都东京。日本为弧形岛国，有北海道、本州、四国、九州4个大岛及6800多个小岛屿，海岸线漫长而曲折。日本地处亚欧板块与太平洋板块相接触地带，地壳变动剧烈，火山、地震频繁。日本为世界第三大经济体，工业高度发达；渔业资源丰富，有横滨、神户等990多个港口。

菲律宾

菲律宾是亚洲东南部的群岛国家，西濒中国南海，北隔巴士海峡与中国台湾相望，东濒太平洋，首都马尼拉。菲律宾群岛有吕宋岛、米沙鄢群岛、棉兰老岛、巴拉望岛和苏禄群岛等7000多个岛屿。菲律宾海岸线曲折，渔业资源丰富，有马尼拉、宿务、三宝颜等港口。

苏禄海位于菲律宾西南部与马来西亚之间，盛产海龟和龟蛋及各种鱼类。

马来西亚

马来西亚位于南海沿岸，由马来半岛南部的马来亚与加里曼丹岛北部的沙捞越和沙巴组成，首都吉隆坡。马来西亚终年高温多雨，森林覆盖率超过75%，原始森林中栖息着狐猴、巨猿、白犀牛和猩猩等珍稀动物。马来西亚有世界上最大的橡胶树园，橡胶种植业是其经济支柱之一。马来西亚海岸线曲折，主要港口有巴生、槟城、关丹、古晋、纳闽等。

吉隆坡石油双塔高452米，为世界最高的双子楼。

文莱

文莱位于加里曼丹岛北部，国土被马来西亚沙捞越分隔成不相连的东、西两部分，东部为绵延的丘陵，西部地形较为平坦开阔，首都斯里巴湾。文莱北濒南海，属热带雨林气候，植被繁茂，森林覆盖率超过70%。文莱拥有世界上最大的传统水上村落，各种由石柱支撑、木板盖成的水上房屋布满了文莱河两岸。

文莱水村已有数百年历史，有"东方威尼斯"之称。

印度尼西亚

印度尼西亚是世界上最大的群岛国家，全境岛群分为大巽他群岛、努沙登加拉群岛、马鲁古群岛、巴布亚4组，主要有苏门答腊岛、爪哇岛、巴厘岛、哈马黑拉岛等17500多个大小岛屿，首都雅加达。环绕在印度尼西亚岛屿周围的海洋有太平洋与印度洋，以及南海、爪哇海、苏拉威西海等。

巴厘岛又称众神之岛、千庙之岛，以庙宇建筑、祭祀、音乐、诗歌、舞蹈、绘画、雕刻和风景闻名于世。

越南

越南位于中南半岛东侧，东邻南海，陆邻中国、老挝、柬埔寨，首都河内。越南国土的3/4为山地、丘陵和高地，除红河和湄公河三角洲外，平原十分狭小。越南生物资源丰富，有170多处保护区。越南海域有红鱼、鲐鱼、鳘鱼等1000多种鱼类，渔场主要分布在北部湾海域和泰国湾等。

下龙湾由1600多座小岛组成，小岛多为石灰岩质的奇峰怪石，为典型的石灰岩喀斯特地貌。

保护蓝色国土

海洋国土又称"蓝色国土"，是对一个沿海国家内水、领海和管辖海域的形象统称，是陆地领土的进一步扩大和延伸。中国不仅拥有960万平方千米的陆地，还有470多万平方千米的海域。中国人均海域面积不足世界人均水平的1/10，所以保护珍贵的蓝色国土，建设海洋强国，就是在守护我们赖以生存的家园。

"中国人民解放军建军90周年"
纪念邮票

不可侵犯的海洋权益

海洋权益是主权国家在海洋中享有的各种权力和利益的统称，属于国家主权的范畴。中国的海洋权益有着丰富的内涵，既包括在中国管辖海域范围内的权益，也包括中国在公海、国际海底区域和南北极等国家管辖范围以外的权益。国家的海洋权益涉及社会政治、经济、安全等多个领域，是国家主权、尊严和利益所在，是神圣不可侵犯的。

依法维护海洋权益

维护海洋权益，离不开相关法律法规的保障。中国是一个海洋大国，从1949年新中国成立以来，先后发布了《中华人民共和国政府关于领海声明》《中华人民共和国领海及毗连区法》《中华人民共和国专属经济区和大陆架法》《中华人民共和国海洋环境保护法》《中华人民共和国渔业法》《领海及毗连区法》《专属经济区和大陆架法》《中华人民共和国海域使用管理法》《中华人民共和国海岛保护法》《深海海底区域资源勘探开发法》等一系列海洋法律法规。这些法律法规维护了国家的海洋权益，也促进了国际海洋法的发展。

海警执法员破获非法捕捞国家保护野生动物案

中国海洋执法力量

中华人民共和国人民武装警察部队海警部队即海警机构，统一履行海上维权执法职责。海警的基本任务是开展海上安全保卫，维护海上治安秩序，打击海上走私、偷渡，在职责范围内对海洋资源开发利用、海洋生态环境保护、海洋渔业生产作业等活动进行监督检查，预防、制止和惩治海上违法犯罪活动。

参观海警舰艇驾驶室

中国海洋武装力量

海军是中华人民共和国的海上武装力量，中国人民解放军的海上军种。海军是海上作战的主力，具有在水面、水下、空中作战的能力。海军的主要任务是保卫领海和管辖海域的安全，维护国家主权和领土完整，执行海上救助、灾害应对等公务活动，开展海外维权行动，维护中国海外利益和形象，参与国际事务，执行联合国海上安保行动等。

中国海洋环境保护

中国的海洋环境保护坚持污染防治与生态保护并重，开展"国家级自然保护区""海洋特别保护区"建设等工作，建立海岸带综合管理试验区，加强海岸带生态环境的保护。中国在海洋环境保护方面重点推进"海洋生态红线制度"，正在建立和完善"海洋生态补偿机制"。

浙江南麂列岛被列为国家级海洋自然保护区，岛上生长着很多水仙花。

中国海军在印度洋上执行护航任务

昌黎黄金海岸国家级海洋自然保护区重点保护自然沙滩和岸线、海洋珍稀物种中华白海豚和文昌鱼等

荣成大天鹅国家级自然保护区以保护大天鹅等濒危鸟类和湿地生态系统为主

厦门国家级海洋公园重点保护自然沙滩和岸线、海洋珍稀物种中华白海豚和文昌鱼等

汉语拼音音序索引

中国儿童海洋百科全书

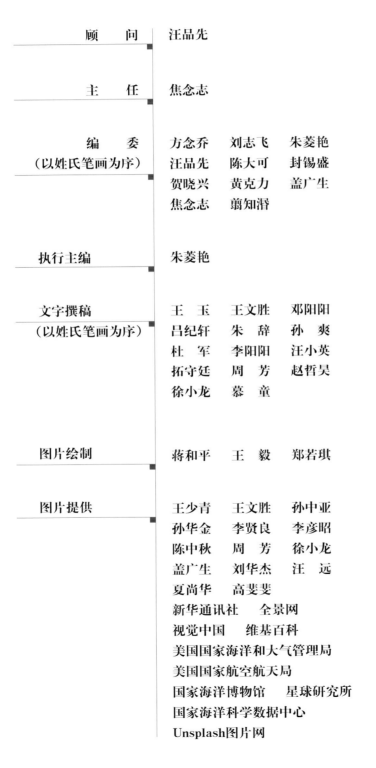

编辑委员会

顾　问	汪品先
主　任	焦念志
编　委 （以姓氏笔画为序）	方念乔　刘志飞　朱菱艳 汪品先　陈大可　封锡盛 贺晓兴　黄克力　盖广生 焦念志　蒯知潜
执行主编	朱菱艳
文字撰稿 （以姓氏笔画为序）	王　玉　王文胜　邓阳阳 吕纪轩　朱　辞　孙　爽 杜　军　李阳阳　汪小英 拓守廷　周　芳　赵哲昊 徐小龙　慕　童
图片绘制	蒋和平　王　毅　郑若琪
图片提供	王少青　王文胜　孙中亚 孙华金　李贤良　李彦昭 陈中秋　周　芳　徐小龙 盖广生　刘华杰　汪　远 夏尚华　高斐斐 新华通讯社　全景网 视觉中国　维基百科 美国国家海洋和大气管理局 美国国家航空航天局 国家海洋博物馆　星球研究所 国家海洋科学数据中心 Unsplash图片网

主要编辑出版人员

出版人	刘祚臣
策划人	海艳娟　朱菱艳
责任编辑	陈莎日娜
编辑	胡　玥　马思琦　郑若琪 杜乔楠　赵　鑫　牛　昭
美术编辑	郑若琪
特约审稿	蔡阮鸿　王文胜　祝　茜 慕　童　张　婵　李志刚 陈泉睿
设计制作	谭德毅　郑若琪　蒋和平 锋尚设计公司
封面设计	@吾然设计工作室
责任印制	邹景峰
致　谢	国家海洋博物馆